JN006815

地震予知の絶望と希望

SATO YOSHITAKA

佐藤 義孝

幻冬舎

写真1　電子基準点（P.75）　　　　　　　　　（提供：国土地理院）

鹿児島・桜島（ソーラタイプ）

左から93（年度以降設置、以下同じ）型、94型、02型、04型

図1　電子基準点配点図（P.81）

（提供：国土地理院）

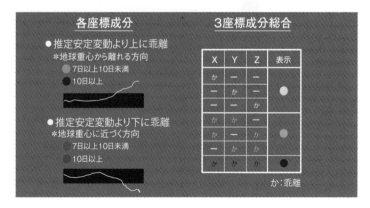

図2　乖離状況を平面地図上に色表示（P.90）

各座標成分

● 推定安定変動より上に乖離
＊地球重心から離れる方向
　○ 7日以上10日未満
　● 10日以上

● 推定安定変動より下に乖離
＊地球重心に近づく方向
　○ 7日以上10日未満
　● 10日以上

3座標成分総合

X	Y	Z	表示
か	ー	ー	
ー	か	ー	○
ー	ー	か	
か	か	ー	
か	ー	か	○
ー	か	か	
か	か	か	●

か：乖離

図3　解析例 2007年7月前後の新潟県周辺（P.90）

1．推定年周期変位速度からの逸脱状況

・推定年周期歪変動より上（伸び）、下（縮み）

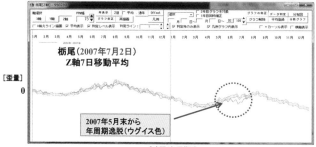

[歪量]

0

栃尾（2007年7月2日）
Z軸7日移動平均

2007年5月末から
年周期逸脱（ウグイス色）

[時間（年周期）]

2．逸脱状況の面的把握

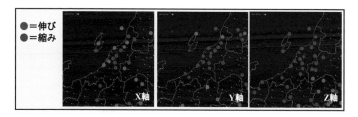

●＝伸び
●＝縮み

X軸　　Y軸　　Z軸

3．逸脱状況の三次元的把握（地殻の変形状況）

3軸同時異常（赤）
2軸同時異常（橙）

栃尾→

図4　新潟県中越沖地震（2007年7月16日、M6.8）（P.93）

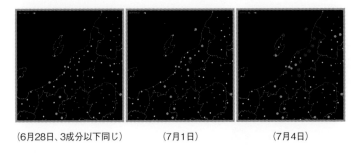

（6月28日、3成分以下同じ）　　　　（7月1日）　　　　　　　（7月4日）

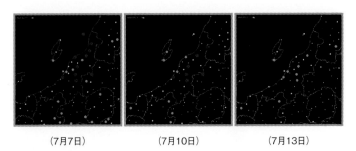

（7月7日）　　　　　　　　（7月10日）　　　　　　　（7月13日）

（7月16日）

図5　岩手・宮城内陸地震（2008年6月14日、M7.2）（P.94）

（5月3日）

（5月10日）

（5月17日）

（5月24日）

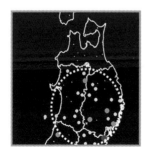

（5月30日）

図6　東北地方太平洋沖地震（2011年3月11日、M9.0）（P.95）

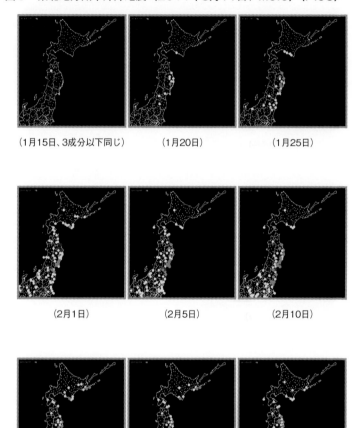

（1月15日、3成分以下同じ）　　　（1月20日）　　　　　（1月25日）

（2月1日）　　　　　　　（2月5日）　　　　　　（2月10日）

（2月15日）　　　　　　（2月19日）　　　　　　（3月7日）

図7　熊本地震（2016年4月14日・16日、M6.5、M7.3）（P.97）

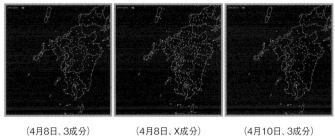

（4月8日、3成分）　　　　　（4月8日、X成分）　　　　　（4月10日、3成分）

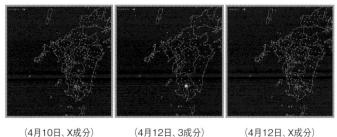

（4月10日、X成分）　　　　（4月12日、3成分）　　　　（4月12日、X成分）

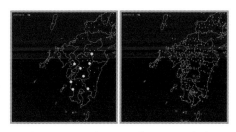

（4月14日、3成分）　　　　（4月14日、X成分）

図8　北海道胆振東部地震（2018年9月6日M6.7）（P.98）

（データ不足で地震前後の解析不十分のケース）

（8月29日3成分）

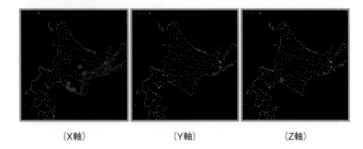

（X軸）　　　　　　（Y軸）　　　　　　（Z軸）

※8月29日の3軸各成分

図9　御嶽山噴火（2014年9月27日）（P.100）

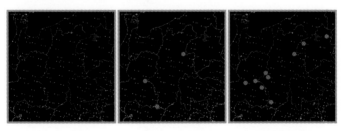

（9月8日のX成分→　　（9月10日のX成分→　　（9月12日のX成分→
9月22日に入手可能）　　9月24日に入手可能）　　9月26日（噴火前日）に
　　　　　　　　　　　　　　　　　　　　　　　　　入手可能）

地震予知の絶望と希望

迫り来る大地震・津波の「前兆」は
ここまで把握可能になった！
—地震予知の「絶望」と「希望」—

必ず来る大地震・津波
それまでにお読みください

はじめに

　地震国日本に住んでいる以上、地震から逃れることはできないが、事前にその「前兆」をキャッチできれば、「突然」のあの恐怖感と最悪の事態をかなり回避することができるのに、と誰しも思うのではなかろうか！

地震の予知はできますか？

「地震の予知はできますか？」と言う質問に、気象庁はそのHPで『（時）一週間以内に、（場所）東京直下で、（大きさ）マグニチュード６〜７の地震が発生する位の精度で予測できなければならない」が、「現在の科学的知見ではこのような確度の高い予測は難しい。従って日時と場所を特定した地震予知の情報は「デマ」と考えて、心配する必要はありません。』[(1)]と答えている。

「心配ない」と言われても次の地震は確実に、そして「突然」襲ってくる。この「突然」を回避するために、1880年（明治13年）の「日本地震学会」設立以来、140年に及ぶ官学挙げての「地震予知」研究の努力が続けられて来た。

　しかし、関東大震災は勿論、阪神・淡路大震災、東日本大震災でも「地震予知」の研究はその役割を果たすことはでき

なかった。

地震予知—その絶望と希望

　私は地震学者でも研究者でもないが、NTTに在職していた20年程前に、後述の「地殻変動監視システム」に出合い、1ユーザとして、このシステムから得られる「地震の前兆」情報こそ、当面本格的な「地震予知」に代わって、大地震・津波から多くの命を救う手段ではないかと確信したのであった。

　そこで、本書の第1章『140年も前に"こうすれば地震の予知は可能だ"と提言した人々！』では、いわゆる「お雇い外国人教師」であるイギリス人ジョン・ミルンによって提唱された「日本地震学会」の設立からスタートし、戦後に盛り上がった東海地震の予知に至る日本の「地震予知の歴史」を概観する。

　驚くべきは、日本の地震予知研究がスタートした当初から、一貫して先人たちが着目し情熱を注いでいたのが、「地殻変動の連続観測」による地震の「前兆現象」の捕捉であった、との史実。

　第2章・第3章では『「地震予知」の絶望—前編・後編—』として兵庫県南部地震と東北地方太平洋沖地震を予知できなかった地震学者とそれをとりまく人々の絶望や葛藤を描く。

　21世紀に入り、先人たちの長年の夢であった24時間365日の、自動的な「地殻変動の連続観測」が実現する一方で、何故か「前兆現象」捕捉による「地震の予知・予測」の灯がみるみると消えていく、という不可思議な事象があった。

　第4章では『「地震予知」の希望！』として、電子基準点、GPSなど最新の位置測定技術を駆使した「地殻変動監視システム」と、結果としてこれによって得られた、過去20年間の国内の大地震等の衝撃的な前兆情報をご紹介する。

「地殻変動監視システム」はもともと、地震の予知・予測を目的に開発されたものではないが、利用サイドの工夫次第で確実な「前兆情報」の獲得手段として、活用が期待される。

　第5章『大震災の惨状！「前兆情報」があれば！』では、直近の阪神・淡路、東日本大震災での悲惨な実例の中で、もしこのシステムが活用されていれば、との思いを伝えたい。

　そして、第6章『終章　―前兆情報が生きる時代に―』では、このように可能性のある「前兆情報」を、次の大地震・津波、火山噴火から一人でも多くの命を救うためにどう生かすか？を考える。

「突然」では救助用の資機材は確保できないし、防災無線の故障に気付けない。要救助者（高齢者・障害者など）の対応も思うようにはいかない。「突然」ではこれからも3.11と何も変わらないだろうし、第一線の自治体には、またしても悲

惨な事態が想像される。

「天災は忘れた頃に」ではない社会の実現を！

「140年にわたる我が国の地震予知研究」を概観すると、各時代に共通するのは、「一人でも多くの命を救いたい」と言う学者・研究者たちの情熱・思いである。

他方、本テーマの社会的性格から、その予知の精度を求めるあまり自縄自縛となってしまい、「一人でも」という原点が関係者の議論のテーブルから消えてしまいがち、とは言いすぎであろうか。

寺田寅彦は東京帝国大学教授であり地震研究所の所員でもあったが、「地震予知」には懐疑的で、「天災は忘れた頃にやってくる」と言ったことで知られている。

当時の日本では、自然災害を未然に防ぐための気象予報も十分ではなかったことから、「天災は……」となったのは当然のことであったが、今や気象予報は時々刻々と、精緻な情報の入手が可能となった。これに「地震の前兆情報」が加われば、「天災を忘れることのない社会」「災害新時代」を世界に先駆けて実現できると思う。

そして、「次の大地震・津波が来るまでに」、本書ができる限り沢山の方々の目に触れることを心より願うばかりで、内容の拙速はどうかお許し頂きたい。

2024年3月

事業創造大学院大学

客員教授（防災士）　佐 藤 義 孝

目　次

第3章

「地震予知」の絶望 ─後編─
またしても予知できなかった「3.11」

第4章

「地震予知」の希望！
「地殻変動の連続観測」が決め手に！

第5章

大震災の惨状！「前兆情報」があれば！

第6章

終章 ―前兆情報が生きる時代に―

第1章

140年も前に
"こうすれば地震の予知は可能だ"
と提言した人々！

明治政府のお雇い英国人教師ジョン・ミルンや東京帝国大学の今村明恒等は「地震予知方法の決定打は地殻変動の連続観測である」と考え、みずから観測機器を開発、さらに私財を投げうって観測も行った。

　今から140年以上も前に「こうすれば地震の予知は可能だ」と訴え、実践していた研究者たちがいたことには驚くばかりである。

　先達の生涯をかけた、地震予知への思いと行動を紹介したい！

1．ジョン・ミルンの提言と 「日本地震学会」の誕生

　古来より東西の地震国では「地震の予知」は科学者のみならず哲学者、文化人にとっても最大級の関心事であった。

日本の「地震予知研究」は1880年にスタート！

　我が国で、本書のテーマである「地震の予知・予測」が学術的にスタートしたのは、1880年（明治13年）3月11日、いわゆる「お雇い外国人教師」であるイギリス人ジョン・ミルン（1850年～1913年）等によって提唱された「日本地震

学会」の設立に始まるといわれる。

　同年、2月22日に発生した「横浜地震」（M5.5 ～ 6.0、横浜で煙突の倒潰・破損が多く、家屋の壁が落ちた。東京の被害は横浜より軽かった。理科年表2024）は大地震ではなかったが、地震の経験のない居留外国人たちに大変な恐怖を与え、真剣に本国への帰国が話し合われたという。これが直接のきっかけとなって設立された「日本地震学会」。

『1881年12月現在の会員名簿によると会員は117人で、その大部分は外国人であった。日本人会員は3分の1弱の37人にすぎなかった。外国人会員の中には地質学者のナウマン、博物学者のブラキストン、日本古美術を世界に紹介したフェノロサ、地震計の開発で知られる英国人のユーイングら多彩な名前が見える。』[2] 当時、開国早々の日本に滞在していた海外知識人たちの、我が国の急激な変革に対する熱気を感じる。

『ミルンは1875年に明治政府の工部省から工学寮工学校の鉱山学・地質学の教授に招かれると、ロンドンからスウェーデンに渡り、冬のロシア、シベリア、モンゴル、中国を横断して8か月がかりで日本にやってきた。長旅の目的は地質学に関する見聞を広めることであった。

　ミルンが地震に関心を持つようになったのは、1876年3月に来日したその夜に地震を経験したことがきっかけだった、と伝えられている。』[3]

このミルンの稀有な才気と行動力がなければ、かくも短期間に学会の立ち上げはできなかったと思われる。

『ミルンは第二回総会で講演し、「地震学が研究されるようになって以来、主要な目的の一つは、地震の到来を予言（foretell）する何らかの方法を発見することである。こうした大災害の到来を前触れできる能力は、地震国に住むすべての人々にとって見積もり不可能なほどの恩恵になるであろう」と説いた。』[4]

　この時、ミルンは若干29歳であった。

『地震の予知とならんで、地震災害を軽減するための研究に先鞭をつけたことも日本地震学会のもう一つの功績といわれる。ミルンは地震災害を小さくするために、建物の設計にど

ジョン・ミルンとトネ夫人（函館市中央図書館所蔵）

のような注意をはらうべきかについても具体的な提言を行っている。』[5]

「地殻変動の観測」に着目したミルン

　早くから断層運動に着目していたミルンは、1891年の濃尾地震（岐阜県西部を震源とするM8.0の地震、内陸地震としては我が国最大。死者は7,273名。山崩れ1万余。根尾谷を通る大断層を生じ、水鳥で上下に6m、水平に2mずれた。理科年表2024）後の論文等でこう述べている。

『われわれが地震を予知できそうな唯一の道は、地殻の水平面の緩やかな変化が地震に先行しているか、あるいは地震に関係しているかどうかを決定することである』[6]と。

　そして、ミルンが最終的たどり着いたのは、断層運動の観察であり現在流にいえば地殻変動の観測であった。

　その上、ミルンは『現在、地殻の傾斜変動を観測するのに使われている「水管傾斜計」のアイデアや地震の予知は難しいが、襲来まで時間的余裕がある津波なら、電信網を使えば被害を減らせるとして、世界各国が協力して「津波警報システム」を設立する必要性を力説したり、横浜で最初の揺れが観測されたら、すぐに電信網で東京に伝え、警告の大砲を発射するという現在の「緊急地震速報」とほとんど同じアイデアも語っている』[7]これには驚くばかりである。

不遇な晩年となったミルン

　しかしその後、濃尾地震を経て設置された政府の「震災予防調査会」（1892年）ではミルンはその中心となることは無かった。

『憲法発布、帝国議会の開会（いずれも1890年）によって、日本は西洋列強諸国の仲間入りをはたし、帝国大学で教えていたお雇い外国人のほとんどは、任期満了とともに帰国し、日本地震学会も会員たちの相次ぐ帰国によって1892年に会の活動を中止した。

　1895年には東京のミルンの自宅兼観測所は火災にあい、ミルンが日本で集めた書籍・資料はすべて焼失、失意の中でミルンは英国への帰国を決意、19年間勤めた帝国大学を辞し、トネ夫人とともに英国へと旅立つこととなった』⁽⁸⁾と言う。

『ミルンはイギリス本土の南端、ポーツマス港の対岸にあるワイト島に遠地地震の観測のためのシャイト地震観測所を建設し、夫人とともに長くここに住んだ後、1913年満62歳の生涯を終えた。トネ夫人は1919年日本へ帰国の後、1925年函館湯ノ川通の家で満64歳の生涯を閉じた。いまトネはミルンの遺髪と歯骨とともに、二人が初めて出会った、函館山の山陰の"海"を見降す願常寺（トネの生家）の墓地に眠っている。

二人の墓の側面には

　　　　東京帝国大学工学部冶金部教室内
　　　故ミルン先生夫人追弔金募集実行委員
　　　　　　　　今村明恒
　　　　　　　　俵　国一
　　　　　　　　外九七名

と刻まれている。

　外国人お雇い教師ミルン教授とこの碑を残した弟子たちの
間に結ばれた深い信頼感は、教授の人望の深さと明治・大正
時代の学問への憧憬を表わすものであろう。あわせて、トネ
夫人が日本の女であったことへの親密さも籠められているの
ではないだろうか。』[(9)] 開国間もない日本の学徒たちに残し
た彼の足跡と、関係者との交流には今に通ずる新鮮な風を感
じる。

2. 今村明恒の地震予知への挑戦

　そのミルンの伝統を継承したとされるのが、のちに東京帝国大学教授となる今村明恒（1870年〜1948年）であった。
　今村は薩摩藩の中級武士の家系に生まれ、1891年に帝国大学理科大学の物理学科に入学、地震学を専攻した。

「関東大震災」を予知できなかった地震学者に批判！

『今村は地震予知の研究に情熱を注ぎ込んだ。今村が重視したのは、地震の直前に起きる、あるいは起きるのではないかと考えられた前震や地殻変動である。地震が起こりそうな場所に、前もって微動計や傾斜計を配置したり、土地の水準測量を行ったりすることが必要である、と主張した。
　今村は1905年9月に総合雑誌「太陽」に発表した論文で、「東京は死者1,000人以上を出すような大地震に平均すると100年に1回見舞われている。死者7,000人を出した安政の江戸地震（1855年）からすでに50年を経過している。災害予防の点からは1日の猶予もできない」などと警鐘を鳴らした。』
　これに対して1906年、上司である大森房吉博士は、論文「東京と大地震の浮説」で「結局、地震の起これる平均年数

より生じるものなれば、学理上の価値は無きものと知るべき
なり」と述べ今村説を「根拠なき空説」「取るに足らざる」
などと批判した。

　1923年9月1日、首都を直撃した関東大震災は約10万人
の死者を出した上に、首都機能をほとんどマヒさせ、日本の
社会に大きな影響を及ぼした。これほどの大地震であったの
に、なぜ予知できなかったのか、予知できていれば、もう少
し被害は少なくてすんだかも知れない、などの怨嗟の声が、
東京帝国大学の大森房吉を中心にして進められてきた地震学
に向けられた。』[10]

1923年、東京帝国大学教授となった
今村明恒（画像提供：国立科学博物館）

地殻変動の観測で地震の予知は可能に！

『大震災を契機に、1925年11月には今村等の強い働きかけで東京帝国大学に「地震研究所」が設立され、研究所の主要な目的として、「基礎的な研究を進める事によって、地震予知実現の手がかりを得よう」という方向が示された。

東京帝国大学教授（地震研究所員兼務）の寺田寅彦が地震予知は不可能と考えていたのに対し、多くの地震研究者は地震の予知は可能であると考えていたが、その筆頭は関東大震災後に脚光を浴びた今村明恒であった。

彼が地震予知の決定打になりうると考えたのは地殻変動の観測であった。

「地震予知問題は机の上では立派に解決していると思う。それには地震観測に特殊の観測網（ネットワーク）を張る設備が必要で、かなりの地震は2，3週間、時には20，30分以前に完全に予知することが出来る。将来は網の目を追々小さくすることによって微かな地震でも立派にその前徴を予想し得るであろう」と語っている。』(11)

南海トラフ地震の予知にかけた今村博士

『1828年、今村は次の「南海道沖大地震」を予知すべく、観測網の構築に取りかかった。

しかし、今村が構築を目指した地動観測網も資金の大部分

は友人からの寄付と今村の私財に頼っており、観測要員も今村の次男や地元の学校教員のボランティアに頼っていた。

　それでも1930年には和歌山県の和歌山、田辺、串本、徳島県富岡、兵庫県福良、高知県室戸岬の6か所に傾斜計、微動計からなる南海地動観測網が完成したのであった。

　しかし、日中戦争の進展に伴って、南海地動観測網を維持することが難しくなっていったが、それでも南海道沖大地震の予知にかける今村の情熱は衰えることは無かった』[12]

ついに前兆現象を観測か？（1944年・御前崎）

　1944年12月7日午後1時36分「東南海地震」発生。（M7.9、静岡・愛知・三重などで合わせて死者1,183人、津波は熊野灘沿岸で6～8m、遠州灘沿岸で1～2m。理科年表2024）『その日、東京帝国大学名誉教授今村明恒の要請（今村が委託した費用）で陸軍参謀本部陸地測量部が静岡県内で行っていた、水準測量の測量隊が午前中の観測値を前日観測値と比較すると、あまりの違いに驚愕。しかも水準器の気泡が安定しなかったため、試行錯誤を繰り返している最中に大地震が起き、道路が波打って来るのが見えたと言う。

　この観測差が地震発生の直前に起きた「異常隆起」とされ、のちに東海地震が予知できるとの主張を裏付ける唯一ともいえる、前兆現象の観測例に位置付けられていく』[13]こと

となった。

「18年の苦心、水泡に！」

　2年後の1946年12月21日午前4時過ぎには「南海地震」（M8.0、死者1,330人）が発生。

『今村は、ラジオのニュースを聞いて詳しい状況を知り、「ああ18年の苦心は水の泡となった」と嘆いたという。

　というのも、今村は12月13日に高知県室戸町の前町長黒田治男氏に宛てて、「南海道沖一帯に大地震があるかも知れない。破損している検潮器を至急修理して検潮頼む」との手紙を送ったが、到着したのは大地震に見まわれて、うろたえている21日朝のことであった。』[(14)]

地震の予知は減災の一手段にすぎない！

　その一方で、『今村は地震予知の実現が、地震災害軽減・防止の切り札であると考えていたわけではなかった。「地震災害を少なくするために第1に必要なのは「我々の町村を耐震構造を以て武装する」ことであり、第2は「地震知識の普及」である。「地震予知問題の解決」は第3の課題にすぎない」と述べている。

　地震予知だけが実現したところで、人命損失を少なくするには幾分の効果があるにしても、構造物の破壊は食い止めよ

うがない。そして地震の知識がない社会では、地震予報が発
表されたとしても理解されないので、人心を騒がせるだけに
終わる。その利益よりも弊害の方が大きい、と今村は再三繰
り返した。』[15]と言う。

3．国を動かした「ブループリント」！

　先人たちの血の滲むような地震予知研究の努力はついに結
実することが無かった。しかし、可能性の出て来た地震予知
の実用化のためには、国の財政支援による地殻変動の継続的
な観測体制の強化が必要である、と提言したのは地震学会メ
ンバーが取り纏めた「ブループリント」であった。ここに
1965年から数次にわたる国の「地震予知研究計画」がス
タートした。

地震予知研究のバイブル：「ブループリント」
　地震学会（1929年今村明恒等によって再開）の中で、気
象庁長官の和達清夫らによって取り纏められた「地震予知―
現状とその推進計画」は1962年3月に公表された。

この計画案はいわゆる「ブループリント」（青写真）とよばれ、その後の地震予知研究のバイブルとなった。

「ブループリント」はその緒言の中で「地震の予知の達成は国民の強い要望であり……現在までの地震学の研究は地震予知の実用化の可能性を示している。ただ、これを達成するためには、国家の本問題に対する深い理解と力強い経済支援を必要とする」と地震予知の実用化と国家の財政支援は不可分の関係にあることを訴えた。

地　震　予　知

現状とその推進計画

地震予知計画研究グループ

世話人　坪　井　忠　二
　　　　和　達　清　夫
　　　　萩　原　尊　礼

1 9 6 2

「ブループリント」、A4で32ページ

「新潟地震」が引き金に、国の「地震予知研究計画」始動！

　新潟地震（1964年6月16日、震源：新潟県沖、M7.5、死者26人、住宅全壊1,960棟、地盤の液状化による被害大、津波が日本海沿岸一帯を襲い、波高は新潟県沿岸で4m以上に、粟島が1m隆起、理科年表2024）では、昭和石油新潟製油所の重油タンクが2週間にわたって炎上、4階建ての県営

アパートが横倒しに、竣工したばかりの昭和大橋の橋げたが
落下などの衝撃的な映像が全国に放映された。（下流にある
新潟市のシンボルである「萬代橋」は1929年に架け替えら
れたが、大きな損傷はなく翌日には通行可能になったことが
話題となった。）

　一方で、新潟地震は国会、マスコミ等で「地震予知計画の
促進」という観点で大きく取り上げられることとなった。

　地震予知への機運の高まりを受けて文部省の測地学審議会
は「地震予知を達成するために、地震予知研究計画に早急に
着手すべきである」と関係各大臣に建議。

　ここに、1965年度を初年度とする「地震予知研究計画」
がスタートすることとなった。

　投じられた国の予算は1次から1988年度に始まる第6次計
画までの約30年間で実に1,148億円に上った（文部科学省 研
究開発局地震・防災研究課）。

　1965年に「地震予知研究計画」がスタートしてからの30
年間、我が国では大きな地震が少なかったため、地震予知計
画の成果が出なかったとされたが、実情は観測体制の未整備
こそ、その要因であったと言えよう。

　　1968年「十勝沖地震」（M7.9、死者52名）

　　1974年「伊豆半島沖地震」（M6.9、死者30名）

　　1978年「伊豆大島近海の地震」（M7.0、死者25名）

1978年「宮城県沖地震」（M7.4、死者28名）

　1983年「日本海中部地震」（M7.7、死者104名）

　1984年「長野県西部地震」（M6.8、死者29名）

　1993年「北海道南西沖地震」（M7.8、死者・不明230名）

（理科年表2024）

　観測体制は計画の年次を重ねる毎に、充実強化されたとしても日本海沿岸や北海道沖の海底地震、日本アルプスの山岳地帯にまでは「前兆現象」監視の目は届いていなかったと思われる。

４．東海地震を予知せよ!!

　1970年代半ば、東海地震は「いつ起きても不思議ではない」という切迫感と「観測を強化すれば直前予知も可能である」という見通しが広まった。1975年に中国が、遼寧省で起きた海城地震の予知に成功したという報道をきっかけに、世界的な地震予知ブームは頂点に達していた。こうした背景の中、東海地震判定会の設置、大規模地震対策特別措置法（以下大震法）の制定など官学挙げての集中的な取り組みがなされた。

　だが、こうした「地域指定型の地震予知作戦」は功を奏することなく、突然1995年1月の阪神淡路大震災を迎えることとなるのである。

「東海地域判定会」を設置

　南海トラフ地域では概ね100年から150年の間隔でM8クラスの大地震に襲われて来た。1707年の宝永地震のように東側と西側で同時に地震が発生したケース、さらに1854年に東側で安政東海地震が発生、その32時間後に西側で安政南海地震が発生したケースがある一方、1944年東側で昭和東南海地震が発生、その2年後の1946年に西側で昭和南海地震が発生したケースもあった。しかも、それまでの2回の地震と違い、東側の震源域が遠州灘から駿河湾奥までは達していなかったため、1970年頃からいわゆる「東海地域」は120年以上もの間、地震の空白域となっていることが地震学会や地震予知連絡会で議論となったのであった。

　1976年10月には内閣に地震予知推進本部が設置され、1977年4月には「連続観測データの急激な変化と大地震発生との関連性について緊急に判定する組織」として、地震予知連絡会（国土地理院長の私的諮問機関）の中に「東海地域判定会」を設置することとした。事務局は気象庁。

　東海地域判定会の発足に伴い、大規模な地震の発生につい

て直前予知の情報が出された場合の防災対応措置を定める必要性が生じた。国土庁はじめ各省庁の中には、地震予知技術が未熟である等の理由から、立法措置に消極的な見解もあったが、対応策なしに予知情報が一人歩きすることは問題である等の理由から全国知事会（特に当時の静岡県知事山本敬三郎氏を中心として）が立法要請を行った。

「大規模地震対策特別措置法」（大震法）成立

　大震法は1978年6月7日に成立、12月14日から施行された。

　大震法は、大規模な地震（M8程度以上のもの）の直前予知が行われた場合に備えて、防災体制を整備しておき、予知情報に基づく警戒宣言により一斉に地震防災行動を執ることによって地震による被害の軽減を図ろうとするものである。

　しかも、「科学技術体系としては漸く実用化の段階に足を踏み入れた状況のものを防災に役立たせるためには、どのようなシステムが最も有効であるかについて検討されできたもの」が大震法であるとの関係者のコメントには、とにかく使えるものは生かして、一人でも犠牲者を少なくしたいと言う、現場の声に通じるものを感じる。同法では先ず、

　①　大規模な地震によって著しい被害を受ける恐れがあり、地震防災対策を強化する必要がある地域を「地震防災対策強化地域」として指定する。

② 強化地域に指定されると、計画的に地震観測等の強化
が図られる。

③ 中央防災会議は当該強化地域に係る地震防災基本計画
を、地方公共団体は地震防災強化計画を、民間の防災上
重要な施設の管理者は地震防災応急計画を作成する。

④ 内閣総理大臣は、気象庁長官から地震予知情報の報告
を受けた場合には、閣議にかけて、警戒宣言を発する。
総理府に地震災害警戒本部を設置。中央防災会議等は前
述の各計画に従って地震防災応急対策を実施しなければ
ならない。

1978年8月には「東海地震に係る地震防災対策強化地域」
として、静岡県、神奈川県、山梨県、長野県、岐阜県及び愛
知県の6県170市町村が指定された。現在まで、大震法に基
づく強化地域として指定されているのは東海地震に係る地域
のみである。

警戒宣言が出されると強化地域とその周辺地域ではほとん
どの社会活動がストップする。新幹線は運転打ち切り。浜岡
原子力発電所や石油コンビナートは操業停止、学校も休校と
なり、この戒厳令体制ともいうべき厳しい防災措置は90年
代に入ると様々な批判にさらされることになる。

第2章

「地震予知」の絶望 ―前編―
予知できなかった！ 兵庫県南部地震！

1995年１月17日の兵庫県南部地震（阪神・淡路大震災）発生時、「震源域の真上には京都大学の六甲高雄観測室があり、六甲山を掘り抜いた自動車用連絡トンネルの中に、伸縮計、歪計、水管傾斜計などの地殻変動観測装置が動いていた」。しかし、地震直前に前兆的変化は認められなかったという。（京都大学防災研究所年報　平7、4）

「前兆現象の検出・観測に基づく地震予知の実用化」を目指した数次の地震予知研究計画が推進された。しかし、地震予知を目指した30年に及ぶ、観測体制の充実・強化策が何の役にも立たなかったと批判されることとなった。

1．1995年1月17日午前5時46分 「兵庫県南部地震」発生！

地震の概要

- 規模：M7.3　・震源：淡路島付近　・「阪神・淡路大震災」と命名
- 活断層の活動によるいわゆる直下型地震、神戸、淡路島の洲本で震度６だったが、現地調査により淡路島の一部から神戸市、芦屋市、西宮市、宝塚市にかけて震度７の地域があることが判明。

- 多くの木造家屋、鉄筋コンクリート造、鉄骨造などの建物のほか、高速道路、新幹線を含む鉄道線路なども崩壊した。

- 被害は死者6,434人（震災関連死含む）、行方不明3人、住宅全壊104,906戸、半壊144,274戸、全半焼7,132戸など。早朝であったため、死者の多くは家屋の倒壊と火災による。（理科年表2024）

- 地震後の発掘調査により、淡路島北西部の活断層である野島断層は今から2,000年程前の弥生時代に地震を起こしていたことが判明（旧地質調査所、現産業技術総合研究所のトレンチ調査結果）。内陸型直下地震の発生予測の難しさが浮き彫りになった。

都市型大地震の惨状（1995年1月17日神戸市長田区）（写真提供：神戸市）

社会の厳しい批判

　当時の新聞記事等を検索してみると、「地震学者は、日本にはいたるところに活断層があるから、いつ大地震が起こってもおかしくなかった等と解説する。だったらなぜ平常時からもっと警告をしてくれなかったのか？　地震学者が将来の予知・予測に全く関与せず、地震発生後に解説をするだけなら無用の長物ではないか！」等、まさに怨嗟の声がみられた。

早かった政治・行政の対応

　1995年6月9日には「地震防災対策特別措置法」が成立。

　地震調査研究の成果を、地震災害の軽減に生かそうという理念のもと、7月18日総理府に「地震調査研究推進本部」が発足した。

　政府は94年度の第二次補正予算として1兆223億円を計上、緊急支援を行った。さらに、復興予算として94年度から99年度までに、総額5兆200億円が投じられた。（内閣府、阪神・淡路大震災教訓情報資料集）

2.予知できなかった、兵庫県南部地震！

ブループリントから30年

　1962年1月に公表された、いわゆる「ブループリント」
（地震予知—現状とその推進計画）は、その最終章で「地震
予知がいつ実用化するか、本計画のすべてが今日スタートす
れば、10年後にはこの問に充分な信頼性をもって答えること
ができるであろう」と結んでいる。

　これを受けて1965年にスタートした政府の「地震予知計
画」。数次にわたる「研究計画」の成果として、兵庫県南部
地震直前には従来型の地殻変動連続観測点は全国で177か
所、GPSの連続観測点（詳細は後述）は全国に210か所（内、
南関東・東海が110か所）設置された。

　しかしながら、結果として当初の10年はおろか30年を経
過したにも拘らず、これらの観測点が兵庫県南部地震の前兆
現象を捉え、「地震警報」を出すことは無かったのであった。

「ブループリント」との決別！

　1997年6月、測地学審議会地震火山部会は30年にわたる
「地震予知計画」を総点検、「地震予知計画の実施状況等のレ
ビューについて」（報告）としてこれを公表した。

このレビューこそ「地殻の変動を連続観測して地震の前兆現象を把握すれば、地震の直前予知が可能となる」、との地震研究者の明治以来の定説に終止符を打ったと考えられる。

　日本における「地震予知」の歴史的転換点として、なぜ「前兆現象把握による直前予知」に終止符が打たれたのかをこの「レビュー」から「検証」したい。

前兆現象では、直前予知はできない！

『地震の発生時を精度良く予測するのに必須である、様々な前兆現象ついては、前震活動、異常地殻変動、地下水の水位異常や元素・イオン濃度異常、広域地震活動の活発化等が大地震の発生に先行して検出されている。

　しかし、前兆とされるこうした現象は多くの場合S/N比〔信号（Signal）と雑音（Noise）の比　筆者注〕が低く、複雑多様性の中に何らかの系統性を見いだせるほどに信頼できるデータが蓄積していない』[16] として前兆現象把握による直前予知についてはその可能性を否定したのである。

研究成果の評価が難しいから！

　その上で『これまでの地震予知計画が「地震予知の実用化」を目標としたため、計画の立案や評価にあたっても地殻の異常変動を如何にして発見するかという視点が重視された。

　しかし、こうした視点では地震発生場に関する研究成果等を評価することは難しく、また、それを計画の立案に生かすことも難しい。

　実際、これまでの地震予知計画においては、観測網の整備、発展とともに地震の発生場に関して多くの成果を上げたが、それらを「地震予知の実用化」という目標への到達度として評価することは行われなかった。』(17) という。

ここに「100年の地震予知の夢」に終止符が！
—到達度の評価が可能な目標を設定—

『前兆現象に基づく直前予測については、現象が複雑多岐でノイズが大きく信頼性のあるデータが十分蓄積していない。地震予知の実現にとって前兆現象の検出とその実体の解明が重要であるが、もし**今後とも前兆現象に依拠して経験的な「地震予知の実用化」を目指すならば、地震予知の健全な発展と成果の社会への適切な還元は望めない。**（太字は筆者）

　今後の地震予知計画においては、「地震予知の実用化」を将来の課題として掲げつつ、到達度の評価が可能な目標を設定して、それに向かって逐次的に計画を推進し、各時点での研究成果を社会に適切に還元していくことが必要である。』(18) とした。

　そして、『今後の地震予知計画では、地震予知の実現に向

けて、地殻全体の応力・歪状態を常時把握して地震の発生予測につなげる総合プロジェクトを発足させ、その過程で、「いつ」、「どこで」、「どの程度の規模」の3要素のそれぞれの予測誤差を小さくすることによって地震災害の軽減に寄与することを目指す』[19] としたが、「地殻全体の応力・歪状態」を「常時把握」することなど、非現実的な計画のようにも思われるのだが。

外部評価委員会のお墨付き！

　以上の結論に対して理化学研究所理事長（当時）の有馬朗人氏等を構成員とする「外部評価委員会」は『「地震予知の実用化」という点に関しては達成されていない。30年前の学問的レベルから考えて致し方なかったことであるが、最初の見通しが甘かったのかもしれない。「地震予知の実用化」を将来の課題として、現時点での重点を予測のための基盤調査観測の整備と予知の実現のための基礎的研究の充実とに移したのは正しいものと評価する。むしろそれは遅きに失した感がある』[20] とした。

「新ブループリント」の提案！

　1997年6月の測地学審議会による「地震予知計画の実施状況等のレビュー」公表以来多くの地震研究者の議論が交わ

された。とくに注目を集めたのが、東京大学理学部の濱野洋三氏を実質的な代表者とする「地震予知を推進する有志の会」（仮称）であった。

公開の議論の他メーリングリスト（参加者約170名）を通じて議論を重ねて、1998年春「新地震予知研究計画―21世紀に向けたサイエンスプラン―」（「新ブループリント」と言われた）を公表した。

この提言では、「日本列島の全域かつ長期の地殻変動に目を向け、その活動の推移を予測すること、その中で大地震の準備過程の最終段階にある場所を捉え、特定された震源域に対してリアルタイム集中監視と定量的な逐次予測・検証によって地震発生の予測精度を高めていく」[21] と提案。

この「新ブループリント」はその後、1998年8月の測地学審議会の「新たな観測研究計画（5か年）」建議の基礎となったのであった。

3．地震予知研究者の貴重な「生の声」！

京都大学防災研究所　住友則彦教授（当時）

兵庫県南部地震の発生当時、京都大学防災研究所に在籍し

ていた住友則彦教授（当時）が2000年に研究所を去るにあたっての講演で、地震発生前後の体験を赤裸々に語っている。その要旨は『1995年に兵庫県南部地震を経験した。予知には失敗した。我々は30年以上にわたって近畿地方で予知のための観測研究を続けてきた。地震、地殻変動、電磁気、地球化学の諸観測から前兆を捉えることはできなかった。研究の方法に問題が無かったか、今見直しをすべきである。犠牲者となった6,500人以上の命は、もし予知研究が間に合って居れば救えたかも知れないと思うと残念である。予知研究を担当してきた理学系の責任を思わざるを得ない気持であった。

また、地震後、科技庁を中心に地震調査研究推進本部が設けられ、「予知」より「調査・研究」へ方針転換が行われている。地震予知という言葉はもはや表立っては聞かれなくなった。行政の立場からすれば、責任の追及をおそれての対応だったかも知れない。しかしながら、日本の大学の地震予知コミュニティーは、30年以上にわたって地震予知のための特別の予算を使って来たのであるから、このたびの震災にあたっては、予知研究が遅れていた事への何らかの反省をしても良かったと思う。周りを見ても皆自分の責任ではないと言う顔をしているように見受けられた。

観測所の技師や助手には、1日たりとも欠測を許すなと命

じられていた。とにかく観測を第一優先とした30年が過ぎた。

　国の中央では、これまで我が国の予知研究を担当してきた
理学者は、地震後、測地学審議会で、今は予知ができないと
公式発言をしたが……これはこれまでの主たる方針であった
"とにかく前兆を捉えて予知を目指す"の姿勢を自己批判して
の結論だが、果たして、前兆を捉えるための観測・研究をど
れだけどこまでやったかは疑問である。

　とは言え、兵庫県南部地震の地元でもあり、観測を重視し
てきた京大には、明確な前兆を捉え得なかったと言うもっと
苦悩があっても良かった。』[22] と万感の思いを込めて訴えた
のであった。

4．そして東日本大震災までの10年！

第一次新観測研究計画（1999年度〜2003年度）

「測地学審議会のレビュー」や「新ブループリント」の提言
を踏まえた新5か年計画はこれまでの地震予知研究計画との
違いから名称が「地震予知のための新たな観測研究計画」
（第一次新観測研究計画）となり、とにかく観測重視の計画
となったのであった。

新計画では、「大地震が発生するためには、地震発生前に地殻やマントルの状態が徐々に変化して、最終的に破壊に至る」と考えて、この準備過程を理解する研究を最優先の課題と位置付けた。

　この間の研究成果で最も重要なものは「アスペリティモデルを提唱したこと」であり、「プレート境界で発生する大地震に関しては、同一のアスペリティ（固着領域）が繰り返し破壊することが分かってきた」とされた。

第二次新観測研究計画（2004年度〜2008年度）

　第一次新計画に引き続き地震発生の準備過程の解明を進め、「地殻活動予測シミュレーション」を開発することを目指した。

　地震発生に至る地殻活動に関する理解が進み、第一次新計画で提唱された「アスペリティモデル」の有効性の検証が進み、地震本部が実施している地震発生の長期評価に貢献した。（「地震及び火山噴火予知のための観測研究計画の推進について（建議）（2008年7月17日）」）

「地震予知及び火山噴火予知のための観測研究計画」（2009年度〜2013年度）

　①地震予知研究と火山噴火予知研究で共同の観測研究を実

施することは、同じ地球科学的背景を持った現象の理解に有効であること。②共通の測地学的・地震学的手法で観測して研究することができる対象が多い。③我が国には世界に類を見ない緻密な地震・地殻変動の観測網が整備されており、これらの研究資源は地震現象と火山現象のいずれの観測研究にも有効に活用し得る。

この事から2009年度から始まる5か年計画は「地震予知及び火山噴火予知のための観測研究計画」とされた。

5. 完成した「地殻変動観測網」 （GEONET）の活用？

阪神淡路大震災には間に合わなかったが、震災後の「大盤振る舞い」予算もあって、国土地理院を主管として、2003年春には、離島を含めた全国1,200か所以上に設置された電子基準点を活用した「地殻変動観測網」（GEONET、詳細は後述）が完成した。

これは、地震調査研究推進本部が1997年、「地震に関する基盤的調査研究計画」のもと、これまでの地域を絞った観測体制を変更し、地震活動を客観的に把握するためには「**全国くまなく均一の密度で調査観測を継続することが必要であ**

る」（太字は筆者）とした方針がベースとなっている。

　ここに、24時間365日の地殻の連続観測体制が出来あがり、約100年の歳月をかけた、先人たちの念願が叶ったことになる。

　ところが、兵庫県南部地震で明確な前兆現象が捉えられなかったこと、さらには2003年の十勝沖地震の際のスロースリップ現象をこの観測網がキャッチできなかったこともあって、以後、このシステムが「地震予知」と関連して表舞台に出てくることは無かったといわれた。

　現に、国土地理院のHPでは、「GEONETの利活用」として、まず「GEONETを活用した測量」を紹介、次いで「GEONETがとらえた地殻変動」では、「観測された地殻変動は地震のメカニズムの解明や火山活動の予測等に活用される」[23]とし、地震の予知・予測のことには触れられていないのである。

6．唯一の公式予測情報
「地震動予測地図」とは？

　一方で地震調査研究推進本部の地震調査委員会では、活断層の長期評価結果等を生かして、当初からの目標としていた「地震動予測地図」を作成、2005年からほぼ毎年公表している。

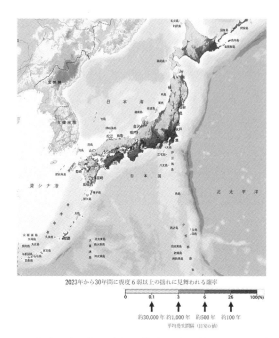

2023年から30年間に震度 6 弱以上の揺れに見舞われる確率

2023年全国地震動予測地図（提供：防災科学技術研究所）

　この「地震動予測地図」こそ、現在、地震の予測情報として政府が公式に発表している唯一のものである。

　これは日本列島を 1 km² 四方に区切り、それを「今後30年以内に震度 6 弱以上（あるいは震度 5 弱以上）の揺れに見舞われる確率」別に 5 段階で色分けしたものである。（これは、活断層やプレート境界では、ほぼ一定の活動間隔で地震が繰り返すといういわゆる「固有地震」の考え方を基本としている。）

しかし、「今後30年以内の地震発生確率」と言っても一般市民にはその確率の意味を理解するのが難しい上に、30年以内の発生確率は一般的には低いので、安心材料として伝わってしまう等と批判された。

　しかも、サービス開始後の2007年7月の新潟県中越沖地震、2008年6月の岩手・宮城内陸地震、2011年の東北地方太平洋沖地震ではいずれも震度6弱以上の確率が低いエリアで地震が発生し、信頼性が問われた。

　元々プレート境界地震で100〜数百年間隔、活断層地震は数千年〜数万年間隔で発生すると言われるものを、今後30年以内の発生確率で「注意喚起」しようとすることに無理があるように思われる。

　2016年4月の熊本地震でも、地震動予測地図では被災エリアの2014年から30年以内に震度6弱以上の揺れに見舞われる確率は0.1%（平均約1万年に1回発生）〜3%（約1000年に1回発生）、6%（約500年に1回発生）程度となっていた。

　地震調査委員会はプレート境界での地震の発生確率も公表した。2000年11月、宮城県沖地震について今後30年以内の地震発生確率を90%以上とし、陸側の震源域だけが動く場合M7.5、海溝寄りが連動でM8前後と推定した。このことが、後の東日本大震災発生の際、気象庁の当初の地震・津波の規模予測の判断に影響した可能性が指摘されることとなった。

7. 日本地震学会：「地震予知」、 「地震予測」を定義！

　時間は前後するが、2009年4月6日イタリア・ラクイラ で発生した地震（Mw[注]6.3）は死者300人、家屋の全半壊 20,000棟という大きな被害をもたらした。イタリア政府の市 民安全局は地震予測の現状を調査するための国際委員会を組 織し、地震の短期予知と予測に関する知見の整理などの報告 をもとめた。日本からは山岡耕春氏（現名古屋大学大学院環 境学研究科長・教授）が参加。

　2009年10月に公表された委員会の勧告では地震予知と予 測の用語の定義を行い、予知は決定論的、予測は確率論的な 地震発生評価と定義した。

　その上で地震の発生過程は大変複雑であるため現時点では 診断的前兆による決定論的な予知は困難であり、確率的予測 が必要であるとしている。（「イタリアで開催された地震予測 に関する国際委員会の勧告について」名古屋大学大学院環境 学研究科より）

（注Mw：モーメントマグニチュードは断層の面積と断層すべり量の積に比 例する量とされ、巨大な地震の規模を求めることが可能。なお、Mは地震計 の最大振幅から求められ、地震波形から振幅を読み取ればすぐに求めること が可能。約100年にわたって採用されてきた。気象庁HP）

2012年10月、日本地震学会理事会として「日本地震学会の改革に向けて：行動計画2012」を公表した。その中で、「地震の予測」についても国際的な地震研究者のコンセンサスとしての①警報につながる確度の高いものを「地震予知」、②確率で表現され日常的に公表可能なものを、長期予測を含めて「地震予測」として区別することとした。

　その上で、日本地震学会としては①の意味での「地震予知」が現時点で非常に困難という認識を支持すると同時に、②の意味で地震予知という言葉を用いないように努めるべきとした。

第 3 章

「地震予知」の絶望　―後編―

またしても予知できなかった「3.11」

M9の大地震が「突然」日本列島を襲った。何もかも呑み込んで仙台平野を奥へとさかのぼる、あの黒い津波の中継映像を見た者は、生涯忘れることはできないであろう。

　大津波の襲来を予想できないまま、非業の最期を迎えざるを得なかった方々の無念を思う時、「次」までにできる備えは何でも、というのが共通項でなければならない。

　ところが、震災直後から、官学揃っての「想定外」発言から始まって「地震学の敗北だ！」、「リセットの時！」、「予測では何も始まらない！」などなど声高のコメントが沢山聞かれたが、それから10年以上が経過した。

　その間、政府の中央防災会議は、2017年8月の専門部会の報告書で「現時点においては地震の発生時期や場所・規模に関する確度の高い予測は不可能」とし、地震の予知・予測の議論に終止符を打ったと言われる。
「狭義の地震予知」が可能になるには、まだ100年以上かかる（当面は不可能）というのが学会・政府内の定説となっている。

　その中で、確実に迫り来る次の大地震・津波から国民の生命・財産を守るために「国はその組織及び機能の全てを挙げて、万全の措置を講ずる責務を有する」（災害対策基本法第3条）とされている。

　国を挙げての備えはどうか？

1．2011年3月11日午後2時46分
「東北地方太平洋沖地震」
（東日本大震災）発生

地震の概要

- 規模：M9.0（この領域では未知の規模で、869年貞観の三陸沖地震と1896年の明治三陸沖地震級の津波地震が合わせて襲来したと考えられる）

- 震源：三陸沖。三陸沖中部から茨城県沖までのプレート境界を震源域とする逆断層型超巨大地震（深さ24km）

- 最大震度7：宮城県栗原市、6強が宮城県、福島県、茨城県、栃木県の37の市町村。揺れによる被害は津波に比べて大きくなかった。（以上、理科年表2024）

- 犠牲者：22,318人（死者・行方不明者、震災関連死含む　令和5年3月1日現在 消防庁）

- 震源域：南北450Km,幅200Km、ずれ終息までに160秒。牡鹿半島が東北東に5.4m移動（気象庁「気象庁技報」133号　2012年）

- 死因：東北3県の92.4%が溺死。（兵庫県南部地震では約9割が圧死）（警察庁「平成23年版警察白書」）

間に合わなかった「津波警報」

（以下気象庁「平成23年（2011年）東北地方太平洋沖地震調査報告書第１編」『気象庁技報』第133号　2012年より）

- **気象庁担当**：当日の担当気象台は大阪管区気象台。
- **2時46分**：地震発生
- **2時49分**：各地の地震計で記録された地震動の最大振幅からM7.9と推定した。（広帯域地震計のほぼすべてが振り切れてしまいシステムによる自動解析ができなかった。）
- **２時49分**：岩手県、宮城県、福島県に大津波警報。「予想される津波の高さ：宮城県6m、岩手県、福島県は3m」と発表。（これが後に津波による犠牲者の拡大につながったとして非難を浴びることになる。筆者注）
- **3時12分**：釜石沖20KmのGPS波浪計が6.7mの津波を観測。
- **3時14分**：これを受け、予想津波高、宮城県10m以上、岩手県、福島県6mに引き上げ。
- **3時20分**：米国地質調査所　M8.9と発表。

　（3時21分頃：岩手県大槌町、大津波が役場庁舎に到達。筆者注）

- **3時30分**：予想津波高、岩手県から千葉県の太平洋岸、10m以上に引き上げ。（この時点で釜石市や宮古市などにはすでに最初の大津波が到達していた。筆者注）

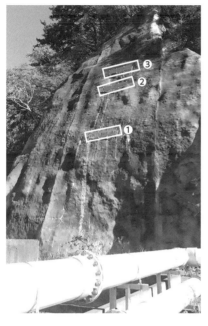

岩手県宮古市田老漁港にある津
波到達点プレート（2023年11月
筆者撮影）
下から順に
① 1933年・昭和三陸沖地震津
　波（10m）、
② 1896年・明治三陸沖地震津
　波（15m）、
③ 2011年3.11津波（17.3m）
と記されている。

原子力発電所の炉心溶融事故が発生

- 『東京電力（株）福島第一原子力発電所（大熊町、双葉
  町）、福島第二原子力発電所（楢葉町、富岡町）では、
  震度6強というかつてない大地震となり、この地震及び
  その後に発生した津波により、発電所施設は大きな影響
  を受けた。

- 地震直後、福島第一、福島第二ともに原子炉は自動停止
  （福島第一の4号機～6号機は定期点検で停止中）した。

- 福島第一については、地震等の影響により外部電源を喪失し、また当初、非常用発電機が作動したものの、その後の津波により、6号機を除いて非常用電源も使用できない状態となり、1号機〜3号機の原子炉を冷却する機能を失った。
- こうした事態を受け、3月11日19時03分内閣総理大臣が原子力緊急事態宣言を発出した。
- その後、福島第一においては、原子炉への注水ができず燃料が露出したことで、事態はさらに悪化した。炉心損傷や溶融により放射性物質が放出され、また、大量に発生した水蒸気等により格納容器の内圧が上昇した。減圧のためのベント（排出）を実施したものの、3月12日に1号機が、3月14日には3号機が水素爆発を起こし、さらには3月15日には2号機格納容器が損傷した。』[24]

　一方、国会事故調（東京電力福島原子力発電所事故調査委員会）は2012年6月に国会に報告書を提出したが、その冒頭の「結論と提言」の中で『何度も事前に対策を立てるチャンスがあったことに鑑みれば、今回の事故は「自然災害」ではなくあきらかに「人災」である』[25] と断じた。

　さらに、今回の原子力災害の主要因とされた、外部電源の喪失について、『福島第一原子力発電所への外部送

電系統は東京電力新福島変電所から2ルート、予備ルー
トとして東北電力富岡変電所から66KV東電原子力線が
用意されていた。しかし地震動により新福島変電所から
の送配電設備が損傷し全ての送電が停止した。東北電力
の送電網からの予備ルートも、1号機配電盤に接続する
ケーブルの不具合のため受電ができず、外部電源を喪失
してしまった。』[26] として、**予備ルートの日常的なメン
テナンスが不十分であったことが明るみとなった。**（太
字は筆者）

　本事故の結果、『ヨウ素換算でチェルノブイリ原発事
故の約6分の1に相当する900PBq（ペタベクレル）の放
射性物質が放出された。』[27]

東日本大震災後の各界の反応：異口同音に
「想定外であった」と！

・地震調査研究推進本部の地震調査委員会
「これらのすべての領域が連動して発生する地震は想定外で
あった。」との見解を発表（3月11日夜）

・中央防災会議
　2011年9月、「東北地方太平洋沖地震を教訓とした地震・
津波対策に関する専門調査会」（座長=関西大学教授・河田

惠昭）が報告書を公表。

「今回の津波が想定を上回る浸水域、津波高などであった事が被害の拡大につながったことも否めない。」「過去に発生したと考えられる869年貞観地震等の大地震を考慮の外においてきたことは、十分に反省する必要がある」とし、「今後は地震・津波の想定を行うにあたっては、あらゆる可能性を考慮した最大クラスの巨大な地震・津波を検討していく」との方針を打ち出した。

・科学技術・学術審議会測地学分科会

2012年3月の「地震及び火山噴火予知のための観測研究計画（2009年〜2013年）の実施状況等のレビューについて（報告）」の中で次のように総括している。

「2011年東北地方太平洋沖地震の発生により、巨大な津波が発生し、甚大な被害が発生した。この地震は我々の認識を超える現象であり、これまでの地震発生モデルの見直しを迫るものであった。」とし、想定外であったことが強調された。

2．本音を爆発させた地震学者たち！

　日本の地震学は、阪神淡路大震災に続き東日本大震災でも
その原因となった大地震の予知・予測には貢献できなかっ
た。のみならず、長期予測では次の宮城県沖地震はM7〜8程
度と予測されていたことから、当初巨大地震発生との認識が
無く、これが被害の拡大につながったとの批判を受けること
となった。

　東日本大震災の後、地震学会を中心として「地震の予知・
予測」に関して反省の意味を込めて様々な議論が起こった。
　特に、震災直後の2011年10月に静岡市で開催された「日
本地震学会秋季大会」後の特別シンポジウム「地震学の今を
問う」には会期延長の上、あいにくの雨にもかかわらず500
名近い会員が出席、特に社会との関わりを含めて今後の地震
学について、忌憚のない熱い議論が一日中交わされた。
　会議の後このシンポジウムでの発表内容に加え、さらなる
意見を会員から募集し、意見集を刊行することとなった。
（公社）日本地震学会会長平原和朗氏は『この集録はシンポ
ジウムの貴重な記録であると同時に、日本地震学会再生の第
一歩となると考えている。』（2012年5月刊行「集録 地震学

の今を問う―（公社）日本地震学会、東北地方太平洋沖地震対応臨時委員会報告」の「はじめに」）と記している。

「地震予知体制のリセットを！」、「地震予測では何も始まらない！」、「地震予知は世紀の難問である！」等の提言が相次ぎ、さながら日本の地震予知・予測の歴史がリセットされたかのようであった。

　そこで、この集録『地震学の今を問う』等を通して、3.11後、「日本の地震予知・予測」の考え方、方向がどのように変化したかを見ることとしたい。

　以下、「集録　地震学の今を問う」の中からいくつか紹介したい。

①　ロバート・ゲラー氏（東京大学大学院理学系研究科）は『防災対策と地震科学研究のありかた：リセットの時期』の中で、『3.11はM9.1の巨大地震であるにもかかわらずGPSなどあらゆる観測データを遡ってみても前もって識別可能な「前兆現象」は皆無であった……。

　しかし以下の前提に基づくパラダイムが日本を支配してきたことは周知の事実である。すなわち、

　・地震発生は（概ね）周期的であり、

　・大きな地震の発生前には識別可能な「前兆」現象が存

在する。

したがって、十分な観測網さえ設置すれば直前予知が可能である、というものである。

しかしながら、このパラダイムはとりわけ3.11の後、観測データによって肯定されるものではないということがはっきりと示された……。これは旧パラダイムに基づく国の政策の抜本的な改正を迫るものである……。

実用的予知制度は、現時点及び近い将来においても実現は不可能である。これらを踏まえ、大震法及びいわゆる東海地震の実用的予知制度は廃止されるべきである』[28] として明治以来130年間にわたって産・官・学の総力を挙げて取り組んで来た「地震予知」の手法とその可能性を否定（リセット）することからの再出発を訴えたのであった。

② 京都大学防災研究所の深畑幸俊氏は『世紀の難問「地震予知」に挑む』の中で、

『「地震予知」を現代における世紀の難問と捉え、長期的視点で問題を考えることが重要であるとした。その「世紀の難問」の特徴は

• 問題の設定は中学生でも理解できる平易なものである一方、その解決は恐ろしく難しい。

• 面白い共通点として、専門家から見て怪しげな解決法

が数多く提案される。

- 問題解決に時間がかかる。等であり、物理学での永久機関の発明、化学では錬金術、癌の特効薬の開発、飛行機の発明などを挙げることができる。

これらはいずれもその解決に数百年ないしはそれ以上の時間を要した、まさに「世紀の難問」と呼ぶことができる。

現代における「世紀の難問」と言える「地震予知」については1880年の日本地震学会発足以来百数十年が経過しているが、**地震予知の問題が実質的に解決するまでには、これからさらに100年、200年といった時間が必要なように思われる。**

そもそも地震予知は世紀の難問であるが、問題が難しいからといって地震学者が手をこまねいて良いということには全くならない。現代の地震学者のすべきことは、地震予知をすぐに実現することではなく、その実現に向かって観測データを着実に積み上げ、理論を少しずつではあっても進歩させていくことである。』[29]（太字は筆者）と訴えた。

③　静岡県危機管理部の岩田孝仁氏は『確率論的な地震予知では何も進まない』の中で『自然界の現象は基本的に揺らぎのある現象であり、物理現象として論じる場合には確率で論じることが正しいのかもしれない。しかし、実社会の

対応は確率で評価できるものではない。特に人間一人ひとりの行動は決して確率ではなくstop or goである。

　地震発生確率が高いと人は安全確保の行動を起こすのであろうかという疑問が起きる。現実に今でも政府の地震調査研究推進本部が出している地震発生確率があるが、果たして発生確率の高い地域において実社会の人間の行動にはどのように反映されているのであろうか。

　例えば、参考値であるが想定東海地震の今後30年の発生確率は88％（2012年1月1日現在）。これは一般常識としては非常に高い確率であるが、東海道新幹線は富士川河口断層の上を、ピーク時には数分間隔で千人オーダーの乗客を乗せた高速列車が走行している。

　地震発生に備えてきちんとした安全措置を講じるためには確率ではなく白黒、もしくはグレーであっても黒が予見できる決定論的な情報発信が必要である。

　確率論的な地震予知（予測）では、実社会の防災行動には結びついていかない。これが現実であると認識する必要がある。』[(30)]と訴えた。

3. 中央防災会議、地震の
   予知・予測の議論に終止符！

　東日本大震災の苦い経験を経て、中央防災会議では、南海
トラフで発生する巨大地震の発生時期や規模を予測できるか
どうかを調べるために、2012年7月「南海トラフ沿いの大
規模地震の予測可能性に関する調査部会」（座長：山岡耕春
名古屋大学教授）を設置。

　調査部会では2013年5月、南海トラフ巨大地震について
「規模や発生時期に関する確度の高い予測は難しい」との報
告をまとめ、公表した。

　さらに、前回の検討から4年を経過したことから、2016
年9月「同調査部会」（座長：山岡耕春名古屋大学大学院環
境学研究科・教授）を再度設置。

　調査部会は2017年8月の報告書で「現時点においては、
地震の発生時期や場所・規模を精度高く予測する科学的に確
立された手法はなく、大規模地震対策特別措置法が前提とし
ている確度の高い地震の予測はできないのが実情である。こ
のことは、東海地域に限定した場合においても同じである。」
として地震の予知・予測の議論に終止符を打ったとされた。

4．切迫する巨大地震・津波への対応？

　中央防災会議では、東北地方太平洋沖地震の教訓を踏まえて、南海トラフ地震、首都直下地震、日本海溝・千島海溝沿いの巨大地震について最大クラスの地震・津波を想定した防災対策の検討を進めてきた。

① 南海トラフ地震とその防災対策

避難対策

　中央防災会議では2016年9月設置の「南海トラフ沿いの地震観測・評価に基づく防災対応ワーキンググループ」（主査：平田直　東京大学地震研究所地震予知研究センター長・教授）の中で南海トラフ沿いで観測されうる可能性が高い異常現象のうち、大規模地震につながるおそれがあるとした4つのケースについて、事前避難等防災対応の基本的な方向性を整理し2017年9月に公表した。

〔ケース1〕
　南海トラフの東側の領域で大規模な地震（M8クラス）が発生した場合（いわゆる半割れのケース）。（1854年の安政東海地震、1944年の昭和東南海地震ではそれぞれ32時間後、

２年後に西側の領域で大規模地震が発生）

〔ケース２〕

　南海トラフ沿いでM7クラスの地震が発生した場合。（東北地方太平洋沖地震が発生した際には、その２日前にM7クラスの地震が発生していた。）

〔ケース３〕

　南海トラフ沿いで、東北地方太平洋沖地震の際に観測されたようなゆっくりすべりや前震活動などの様々な現象が観測された場合。

〔ケース４〕

　東海地震予知情報の判定基準とされるようなプレート境界面での前駆すべりやこれまで観測されたことがないような大きなゆっくりすべりが見られた場合。

　このうちケース１、２についてはこれまでの国内外の実例に照らして地震発生の確率が高いとして、３日から１週間程度の事前の避難を呼びかけることとした。（避難の詳細については公表参照）

　ケース３については、現在の科学的知見では短期的に大規模地震の発生につながると直ちに判断できないことから、防災対応に生かす段階には達していないとした。

　なお、ケース４については、地震発生の可能性を評価し

て、行政機関に対して警戒態勢を取るように促した。

「南海トラフ地震臨時情報」

　一方、気象庁は2019年5月31日から、「南海トラフ地震臨時情報」の提供を開始した。主な情報としては、

①　「南海トラフ地震臨時情報（調査中）」：監視領域内（想定震源域及び海溝軸外側50km程度）でM6.8以上の地震が発生し、「評価検討会」を開催する場合等

②　「南海トラフ地震臨時情報（巨大地震警戒）」：想定震源域内のプレート境界でMw8.0以上の地震が発生したと評価した場合

③　「南海トラフ地震臨時情報（巨大地震注意)」：監視領域内でMw7.0以上の地震発生と評価した場合や想定震源域内のプレート境界で通常と異なるゆっくりすべりが発生したと評価した場合等である。

「臨時情報」が出た場合には避難等の準備を開始するとともに、地震発生後の避難では間に合わない場合には、要配慮者を考慮して1週間の事前避難を呼び掛けている。

被害想定

　内閣府（防災担当）は2019年6月、「南海トラフ巨大地震の被害想定について」を公表した。（これは中央防災会議の

2012年 8 月公表の被害想定を最新のデータにより再計算した
ものである）

［前提］

東海地方が大きく被災するケース（冬・深夜、風速8m/s）
が最も被害が大きく、千葉県から鹿児島県の 1 都 2 府24県
が被災地となる。（数値は最大で）

死者：23万 1 千人（前回推計は32万 3 千人）

負傷者：52万 5 千人

自力脱出困難者：24万人

津波被害に伴う要救助者：3.3万人

全壊及び焼失棟数：151万 5 千棟と推計された。

　一方、発災後ただちに全員避難、建物の耐震化率100％の
対策で死者数をさらに14万人超減少可能と推計した。

　南海トラフ地震発生時、死者、負傷者に家屋の下敷きやエ
レベーターに閉じ込められた自力脱出困難者を加えると一時
に100万人超の要救護者が出る。しかも冬の深夜である。世
界の災害史上でも例のない事態が起きる可能性がある。

　政府としては減災の方策として、「半割れ」や前震とおぼ
しき地震を捉えて「次の大地震」に備えての避難行動を促し
ている。

　しかし、「半割れ地域」の人々はこれからも「突然の」大地
震・津波に襲われ多くの犠牲者が出ることになってしまうし、
プレート境界での単発の地震はいくらでもあるので、大規模
な避難行動を促すにはさらなる追加情報が必要と思われる。

② 首都直下地震

　2012年春、中央防災会議は「首都直下地震対策検討ワー
キンググループ」（座長：野村総研顧問　増田寛也)」と「首
都直下地震モデル検討会」（座長：東京大学名誉教授 阿部勝
征）を設置。
「モデル検討会」は2013年12月、相模トラフの最大クラス
の地震は相模トラフ沿いの数百平方キロメートルの断層面が
平均8ｍすべるM8.7の巨大地震になると提言。

　これに対して、「首都直下・ワーキンググループ」は「相
模トラフの最大クラスを想定すると首都圏の被害が莫大なも
のとなり、海外企業の日本離れにつながる」として地震対策
の対象から外した。

　これに対して「想定外をなくす」という東日本大震災の教
訓が生かされていないとの批判があったが、「首都直下・
ワーキンググループ」は相模トラフ沿いの最大クラスの地震
の発生間隔は2000年から3000年であるとして、防災対策の
対象としないことになった。

防災対象となったのはフィリピン海プレートの内部で起きるM7.3の都心南部地震とした。

　2013年12月の被害推計、最大（冬・夕、風速 8 m/s）：

　死者 2 万 3 千人（内東京都 1 万 3 千人）

　焼失41万 2 千棟、全壊19万 8 千棟、

　経済被害47兆4000億円

2013年11月22日「首都直下地震対策特別措置法」成立。（10都県の310市町村を緊急対策推進区域に指定。）

　一方、東京都は2012年4月公表の「首都直下地震等による被害想定」（東京湾北部地震M7.3を想定）を10年ぶりに見直すこととし、2022年 5 月に「首都直下地震等による東京の被害想定」（東京都防災会議地震部会　部会長：平田 直　東京大学名誉教授）として公表した。今回対象としたのは今後30年以内の発生確率が70%と言われる「都心南部直下地震」（M7.3）。

（「東京湾北部地震」は1923年の大正関東地震の断層すべりによりすでに応力が解放された領域にあると推定されているとして、今回の対象から除外）

　最大（冬・夕、風速8m/s）

　死者 6,148人（前回9,641人）

　負傷者 93,435人（前回147,611人）

　焼失家屋 112,232棟（前回188,076棟）

　　全壊家屋 82,199棟（前回116,224棟）

　　避難者 299万人（前回339万人）

　　帰宅困難者 453万人（前回517万人）

　報告書では「この10年間の住宅の耐震化や不燃化、安心・安全な東京を実現するための取り組みが着実に進展する一方、高齢化の進行や単身世帯の増加などの変化があった。」「最新の科学的知見をもとに見直した結果、被害想定に大幅な改善が見られた」とした。

　しかし、環七と環八の間に住んでいて、著しい高齢化の進行を目の当たりにする一方、周囲に耐震化や不燃化の工事はあまりなく、東日本大震災の教訓が生かされているようには思われないと言うのが筆者の実感である。

③ 日本海溝・千島海溝沿いの巨大地震

　日本海溝・千島海溝沿いの領域では、これまでプレート境界での地震、地殻内や沈み込むプレート内での地震等、M7から8を超える巨大地震や地震の揺れに比べて大きな津波を発生させる“津波地震”と呼ばれる地震まで、多種多様な地震が発生しており、幾度となく大きな被害を及ぼしてきた。

　中央防災会議では、東北地方太平洋沖地震の教訓を生かし、最大クラスの地震・津波を想定した検討を行うため、

2015年2月に「日本海溝・千島海溝沿いの巨大地震モデル検討会」(座長:阿部勝征 東京大学名誉教授) を設置し、各種調査や科学的知見等を幅広く収集し、検討を進めた。その結果の概要が2020年4月に公表され、「今回の最大クラスの津波断層モデルの検討は、過去6千年間における津波堆積物資料を基に推計することを基本としている。その結果、推定された最大クラスの津波断層モデルの地震の規模は、日本海溝 (三陸〜日高沖) モデルがMw9.1、千島海溝 (十勝〜根室沖) モデルがMw9.3であった。

また、これらの資料から最大クラスの地震の発生確率を求めることは困難であるが、12〜13世紀の津波と1611年の慶長三陸地震あるいは17世紀の津波との間隔が約3〜4百年であり、17世紀の津波からの経過時間を考えると、いずれの領域においても、最大クラスの津波の発生が切迫している状況にあると考えられる」とした。

これを受けて2020年4月に設置された「日本海溝・千島海溝沿いの巨大地震対策検討ワーキンググループ」(主査:河田惠昭 関西大学 理事・特任教授) は最大クラス (M9クラス) の地震を想定し、震度分布・津波高等を推計。2022年3月にこれを公表した。それによると、

地震
・北海道厚岸町付近で震度7

- 北海道えりも岬から東側の沿岸部で震度6強
- 青森県太平洋沿岸や岩手県南部の一部で震度6強

津波

- 三陸沿岸では宮古市で約30m
- 北海道えりも町沿岸で約28m
- 岩手県中部以北では東日本大震災よりも大きい

被害想定

　今回の被害想定で注目すべきは、防災対策を講じた場合の効果である。（➡）

　「行政のみならず、地域、住民、企業等の全ての関係者が被害想定を自分ごととして冷静に受け止め、

①　強い揺れや、弱くても長い揺れがあったら迅速かつ主体的に避難する。

②　強い揺れに備えて建物の耐震診断・耐震補強を行うとともに、家具の固定を進める。

③　初期消火に全力を挙げる。

等により、一人でも犠牲者を減らすことが求められる。」
とした。

日本海溝地震

- 死者（冬・深夜）　19.9千人（➡3万人）
- 低体温症要対処者（冬・深夜）　4.2万人（➡最小化）

71

- 全壊棟数（冬・夕方）　22万棟（➡21.9万棟）
- 経済的被害額（冬・夕方）　約31兆円（➡27兆円）

千島海溝地震
- 死者（冬・深夜）10万人（➡1.9万人）
- 低体温症要対処者（冬・深夜）2.2万人（➡最小化）
- 全壊棟数（冬・夕方）8.4万棟（➡8万棟）
- 経済的被害額（冬・夕方）17兆円（➡13兆円）

　驚異的な死者数の減少は、「冬・深夜であっても、避難意識を改善することによる避難の迅速化、津波避難ビル・タワー等の活用・整備、建物の耐震化率の向上による効果を推計した」とされる。

　また、低体温症要対処者については、「既存施設の有効活用を図るとともに、避難所への二次避難路の整備や備蓄倉庫（防寒備品）整備などを行った場合の効果を推計した」という。

　一にも二にも早期の避難と避難所の整備が決め手とされるが、北国の真冬の深夜に高齢者・要救助者の迅速な行動は本当に可能であろうか？
「突然の揺れ」を無くして、災害に官民協力して立ち向かう基盤を早急に作らなければならない。

第4章

「地震予知」の希望！
「地殻変動の連続観測」が決め手に！

私が災害対策や危機管理に関心を持つようになったのは、約40年前の8月上旬、知床半島に一日一晩で400mmを超える集中豪雨があり、当時のしれとこブームで斜里町ウトロに宿泊していた観光客3,500人が孤立するという事態に、当時の電電公社の現場の責任者として社員、家族とともに総力戦で災害対応に当たったことが、きっかけになったと思う。

　その後、危機管理アドバイザー・防災士として地震関連の各種セミナー等に参加、或いは文献、特許を検索するなかで、地震予知の難しさの一方で、様々な研究が進められその実用化の可能性もあることを知った。

　その中で、清水建設（株）が持つ「地殻変動監視システム」の特許に着目し、地震研究者が長年追い求めてきた「地殻の日々の変化を観察すれば、地震の前兆を必ず見つけることができる」との悲願が達成できるのではないかと考えた。

　ここでは先ず「地殻変動監視システム」をご紹介し、その上でこれから得られる「地殻変動情報」についてご紹介したい。

　特に気象庁の地震予知の精度は、いわゆる「狭義の地震予知」のレベルであることから、前章で紹介した「世紀の難問」として、解決にはこれからさらに100年、200年といった時間が必要とされる。

　しかし、このままでは目前に迫っていると言われる「トラ

フ型大地震」、さらには我が国のどこにでも発生可能性のある「直下型大地震」に対して、漫然と「その時」を迎えなければならないことになりかねない。

　この最悪の事態だけは、何としても回避しなければならない！

1．「地殻変動監視システム」開発の目的は「地震予知」ではない！

　以下に紹介する「地殻変動監視システム」は20年程前に清水建設（株）が取得した特許である。

「地殻変動監視システム」の開発目的は、あくまでも「地震発生時や余効変動(注)時の現場周辺の地殻の変形状況の確認、さらには工事現場の法面等の衛星測位で動態観測する際の基準点の安定性確認に用いる」等とされており、地震の予知を目的とはしていない。

　そこで、この「地殻変動監視システム」が前提として利用している、国土地理院の「電子基準点」（口絵・写真１）の「日々の座標値」がどのようにして入手されるのか？先ずはその手段となる、GPSや電子基準点、GEONET等について

（注：大規模な地震で、地震時だけでなくその後も地面がゆっくり動き続けること：国土地理院）

由来を含めて概観し、さらに日々の座標値から基準点の変動、異常変動を「見える化」するための清水建設(株)の特許や様々な工夫について紹介したい。

　その上で、地震予知や地殻変動の観測・解析に興味を持つ専門家で構成する「地殻変動監視チーム」(Monitoring Team of Crustal Movement MTCM)が清水建設(株)の特許に沿う形で独自でシステムを試作し、過去20年余の間の我が国の大地震時の地殻変動を解析した結果をご紹介するとともに、「狭義の地震予知」、「地震予測」との違いをご紹介したい。

　以降、様々な地殻変動解析結果（図、表）が出てくるが、この結果は「地殻変動監視チーム」が独自で試作したシステムによる解析結果である。

　なお、地殻の変動を連続観測することによって、地震の前兆情報を得ようと言う研究は、明治の先人たちから始まって、1960年代の国による「地震予知研究計画」に引き継がれてきたことは1、2章で概観した。その後は想定東海地震震源域や日本海溝、南海トラフ等に的を絞った、国の機関等による集中的な観測機器の設置と地殻の常時観測が行われているが、地域が限定されている上、地震予知への活用はかなり先のように思われる。

　また、民間各社で国土地理院の電子基準点データを活用した地震の予知・予測も種々公表されているが、それぞれ分か

り難さとその有用性に疑問があり、清水建設（株）のシステムに活路を見出したところである。

2．革命は突然始まった！

　地震の予知を目指して、明治以来、我が国の地震研究の先人たちは100年以上にわたって「地殻変動」の観測に心血を注いできた。

　そこでは、地殻の前後・左右、上下の変化を観測するためには傾斜計、水準測量器等の機器と何よりも沢山の人手が必要であった。

　しかし、90年代の半ば以降の地殻変動の観測はそれまでとは桁違いの規模と精度に達した。

　そして、米国で研究開発された人工衛星による位置測定システムは地殻変動の観測にとってまさに革命と言えるものであった。

GPS（Global Positioning System：衛星測位システム）は冷戦下の産物であった！

　東西冷戦下の1960年代、米国では軍事目的として人工衛

星を使って地球上の船舶や航空機の正確な位置を測定・把握する研究がスタートした。

　1983年9月1日の旧ソ連による大韓航空機撃墜事件を契機に、当時の米国大統領ロナルド・レーガンはこの軍事衛星によるGPS（Global Positioning System）を世界の民間旅客機に無料で利用させるとの声明を出したのであった。

　その後、米国では1989年に測位衛星の打ち上げを開始するとともに、民生運用に足る精度を満たした「初期運用宣言」が1993年に出された。（軍事運用可能な精度を満たした「完全運用宣言」は1995年）

　『この動きに合わせて我が国では1987年から、先ず測量での実用化を目指しGPS受信機を導入し試験観測を重ねていたが、1989年7月の伊豆半島東方沖海底火山噴火、1991年6月3日の雲仙普賢岳大火砕流の発生（死者・行方不明43名）では、緊急研究としてGPS連続観測点（電子基準点）を設置し、固定局での地殻変動の観測を開始したのであった。』[31]

GPS連続観測システム「GEONET」の誕生

　『地震・火山国かつ経済大国の日本では新たな地殻変動観測手法であるGPS連続観測への期待は高く、国土地理院は1993年3月にはGPS連続観測点に「電子基準点」の名称を使用することとし、予算措置により本格設置を開始した。』[32]

　『1994年4月1日には南関東・東海地域に設置された110点の電子基準点を活用し「地殻連続歪監視施設（COSMOS-G2）」の運用を開始。

　さらに10月1日には全国（南関東・東海地域を除く）に100点の電子基準点を設置し、「全国GPS連続観測網（GRAPES）」の運用を開始した。』[(33)]

　翌1995年1月17日の兵庫県南部地震（阪神淡路大震災）の教訓を生かすべく、7月に総理府（現文部科学省）に「地震調査研究推進本部」が設置されると、「電子基準点」は1995年度400点増設（累計610点）、1996年度277点増設（累計887点）と急速に拡大した。

　1996年4月にはCOSMOS-G2とGRAPESを統合したGPS連続観測システムGEONET（GPS Earth Observation Network System）が運用開始した。

　GEONETは上空約2万kmを周回する測位衛星と衛星を追跡、管制を行う管制局（国土地理院は1996年5月GEONETの運用等を行う測地観測センターをつくば市に設置）、測位を行うための電子基準点等の受信機で構成されている。

電子基準点1,300か所の観測データを全世界に公表

　『さらに、1997年8月には「地震調査研究推進本部」において、GEONETが地震に関する基盤的調査観測と位置付けら

れ、20〜25Km程度の間隔の三角網を目安にして全国的に偏りなくGPS連続観測施設（電子基準点）を設置する「GPS連続観測網整備計画」が決定された。』[34]

　これを受けて国土地理院では1999年12月1日、基本測量長期計画を見直し、電子基準点を1,200点整備する計画に変更した。

『なお、この「20〜25Km程度の間隔」の背景には、この間隔で全国を覆うと内陸のどこで被害地震（概ねM6.5以上）が起きても地殻変動を観測できることが、マグニチュードMと地殻変動範囲の半径 r（Km）との関係式（檀原毅「地震による地殻変動範囲とマグニチュードの関係」1979）

　Log r＝0.51M−2.26

　から期待されることがある。（M6.5で直径23Km）』[35]

『「電子基準点」は1997年度60点増設（累計947点）、2002年度には富士山、南鳥島を含めて253点を増設し、ついに累計1,200点を達成した、平均点間距離は約20Kmとなったのであった。

　なお、同時に離島を除き通信を常時接続化（IP-VPN）するとともに、電子基準点のリアルタイムデータの提供を開始した。

　3.11前には沖ノ鳥島を含めて電子基準点は累計1,240点、リアルタイムデータの提供も1,221点に拡大していたのである。』[36]

　ここに世界でも類を見ない、我が国のGEONET「地殻変動連続観測網」が出来上がった。

　なお、2022年年4月1日現在、我が国の電子基準点は1,318か所（国土地理院）となり、観測データは全世界に公表されている。（口絵・図1）

各国の衛星測位システム（GNSS）の相互利用も開始

　『GEONETは当初米国のGPS（メンテナンス中を含めて2022年9月時点で合計31機、内閣府 宇宙開発戦略推進事務局データ）だけを観測していたが、2010年に我が国の「みちびき」準天頂衛星システム（QZSS：Quasi-Zenith Satellite System）初号機が打ち上げられ、各国が整備を進めて来た衛星測位システム（GNSS：Global Navigation Satellite System）も利用できるようになった。

　2013年には全点でQZSS（同5機、2023年に7機体制を計画）とロシアのグロナス（GLONASS、同26機）の観測を開始。2016年からは欧州連合のガリレオ（Galileo、同28機）の観測も開始した。』[(37)]

「電子基準点」は高さ5mのステンレス製のピラー（柱）

　北は礼文島から南は与那国島まで、全国くまなく設置されている「電子基準点」であるが設置開始年度により、93型、

94型、02型・04型の4種類がある。

「電子基準点」は高さ5mのステンレス製のピラー（柱）であり、先端部にアンテナ、胴体部にはGNSS受信機、通信装置、パケット端末、傾斜計、凍結防止のためのヒーター、停電対策のバッテリー等が格納されている。

なお、各基準点の銘板には「この受信データは、土地の測量、地図の作成、地震・火山噴火予知の基礎資料に利用されます。」と「電子基準点」設置の目的が明記されている。

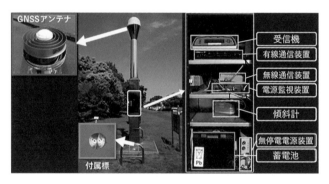

基準点内部の機器構成（提供：国土地理院）

3. 「電子基準点」で「地殻の変動」を捉えた！

国土地理院、電子基準点の正確な位置を公開！

① 　まず国土地理院ではGPS衛星等から発信される電波信号
を、電子基準点で24時間連続で受信・観測している。こ
の信号には衛星の軌道情報（X、Y、Z）と原子時計の正
確な発信時間情報が含まれ、これらの情報はリアルタイム
で茨城県つくば市にある国土地理院測地観測センターの
GEONET中央局に収集される。

　　センターでは収集されたデータの常時解析を行い各電子
基準点の座標値（X・Y・Z、緯度・経度・楕円体高）等
を推定し、これをネット上で順次公開している。（1997年
6月から開始）

	X (m)	Y (m)	Z (m)
0101	-3.8121586749E+08	2.8722044498E+06	4.3452682949E+06
0102	-3.8121586724E+08	2.8722044417E+06	4.3452682957E+06
0103	-3.8121586783E+08	2.8722044418E+06	4.3452682958E+06
0104	-3.8121586788E+08	2.8722044413E+06	4.3452682983E+06
0105	-3.8121586781E+08	2.8722044420E+06	4.3452682982E+06
0106	-3.8121586732E+08	2.8722044409E+06	4.3452682930E+06
0107	-3.8121586738E+08	2.8722044402E+06	4.3452682935E+06
0108	-3.8121586783E+08	2.8722044448E+06	4.3452682908E+06

	Lat. (deg.)	Len. (dog.)	Height (ma)
0101	4.3218189920E+01	1.4497072724E+02	8.4998431900E+01
0102	4.3218189930E+01	1.4497072722E+02	8.4998388290E+01
0103	4.3218189917E+01	1.4497072723E+02	8.4999081887E+01
0104	4.3218189927E+01	1.4497072724E+02	8.8000808070E+01
0105	4.3218189919E+01	1.4497072722E+02	8.4998448380E+01
0106	4.3218189911E+01	1.4497072722E+02	8.4994880148E+01
0107	4.3218189914E+01	1.4497072723E+02	8.4998087771E+01
0108	4.3218189932E+01	1.4497072720E+02	8.8003193897E+01

電子基準点が取得する位置情報（提供：国土地理院）

各々の電子基準点の位置は、人工衛星の位置を示す際と同様に、宇宙空間の1点として地球重心を原点とし、地球に固定された3次元直交座標（地球重心座標系X、Y、Z）として取得される。（なお通常、地震・火山噴火予知研究では地球重心座標を、地球近似楕円体上に座標変換した東西・南北・上下座標（ENU座標系）を主に使う。）

　衛星から発出される電波信号は光と同じく秒速約30万Km、発出時刻と到着時刻の差分から距離が分かることになる。しかし1億分の1秒の誤差で3mにもなるので、この誤差を少なくするために4機（以上）の衛星からの電波信号を利用している。（内閣府みちびきウエブサイト「みちびきを知る」）

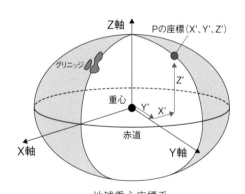

地球重心座標系
（提供：国土地理院）

② 国土地理院の解析結果

　　現在、国土地理院が行う定常解析結果には解析の実行スケジュール、使用する解析データの期間及び衛星軌道情報（精密暦か否か）により以下の3種類がある。

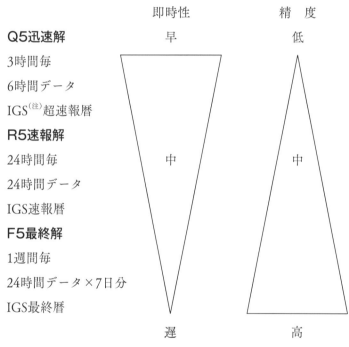

即時性　　　　　　　　精　　度

Q5迅速解　　　　　早　　　　　　　　低

3時間毎

6時間データ

IGS(注)超速報暦

R5速報解

24時間毎　　　　　　中　　　　　　　　中

24時間データ

IGS速報暦

F5最終解

1週間毎

24時間データ×7日分

IGS最終暦

遅　　　　　　　　高

国土地理院の定常解析結果（提供：MTCM）

（注）IGS（International GNSS Service）：各国の宇宙機関や測量組織が参加し、世界規模で行われているGNSS観測事業

- 電子基準点の日々の座標値「F5解」は観測した週の2〜3週間後にIGSから公開されるIGS最終暦（Final Ephemeris）を用いて計算される座標解であり、毎週月曜日又は火曜日に2〜3週間前の1週間分が更新される。（順次バージョンアップされ現在はF5、他も同様）
- 電子基準点の日々の座標値「R5解」は、観測した日の2日から3日後にIGSから公開される速報暦（Rapid Ephemeris）を用いて計算される座標解であり、毎朝2〜3日前の解析結果が更新される。国土地理院が速報暦を使った「R3」解析をスタートしたのは2015年5月であった。それまでは約20日以前の地殻の変動しか把握できなかった。

地殻の変動量を正確に捉えるために！

　地殻変動はさまざまな方法で解析、公開されているが、日々の変化、先週との変化・違いを理解するのは意外と難しい。すなわち、

　1）観測点の変動は正確なものか（公開情報にノイズは含まれていないか）、

　2）その変動が平常と異なる異常なものであるとの判断、

　3）受け手にとって分かりやすい表示方法か、

である。

　まずこれらの条件を満たす可能性が高いと判断した清水建設(株)の特許の概要を紹介する。

① 電子基準点の変動情報の正確な把握方法

- 衛星測位で生じる様々なノイズを、東西・南北・上下座標（ENU座標系）に変換する前（衛星測位で初期に入手する座標）の地球重心座標系で処理するのが特徴である。

- 地球重心もしくは地球重心XYZ座標軸上に固定点（絶対不動点）を設置し、観測開始時の固定点と観測点間の長さに対し、観測開始以降の固定点と観測点の長さの変化を相対的に捉える。（地球重心座標成分毎）

- これを用いると地球の曲率の影響を受けず、観測範囲に制約はなくなり、この固定点（地球重心）から全国、世界を俯瞰することも可能となる。

- 観測点の座標成分毎の過去数年分の変動データから推定年周期変動を把握し、その推定年周期変動からの乖離状況・乖離方向を可視化してとらえる。

〈X座標成分で説明〉

(不動点) 観測初日の2点間　　　初日以降の2地点間
　　距離L0を固定　　　　　　　距離△Lcを計算

歪量：△Lc/L0

基準点の変動情報の正確な把握 (提供：MTCM)

② 公開情報に含まれるノイズの除去

　ノイズには次の2種類があり、異常と誤認する恐れがあることから本当の異常値と判定する前に気象情報、国土地理院の解析基準点の変動の有無、現地訪問等によってノイズの原因追及と除去を進めることが不可欠である。

- 可逆性ノイズ：一定期間経過すると座標が元のレベルに戻るもの

   〔受信機への積雪、一時的な気象撹乱 (磁気嵐、豪雨、凍土等) による解析座標のばらつき〕

- 非可逆性ノイズ：その要因が取り除かれない限りほぼ一定の方向に座標が緩やかにずれるもの

   〔アンテナ交換・傾斜、樹木の繁茂、マンション等の建設による受信障害、地震・火山の噴火等による地殻のずれ〕

③ 地殻の異常変動の判定方法

地殻は常に変動している。加えてそれぞれの基準点周辺の地形、地質等の影響もあって様々な変動を生じる。

衛星測位による座標の出力結果は日々小刻みに変動するが、この小刻みな変動の中に、貴重な地殻変動が含まれることを想定し、過去6日間の日々の変動量と最新日の変動量を用いた7日間移動平均値を採用している。

この7日間移動平均値を2年毎に複数年重ね合わせ、さらにノイズ補正することにより、全電子基準点のX、Y、Z座標成分毎の推定安定歪変動速度及び閾値（その値を境に、上下で意味や条件、判定などが異なるような値のこと：IT用語辞典）を取得する。（特開2013-68469）

④ 分かりやすい表示方法！

前項で示したように、電子基準点毎の安定変動速度及び閾値を取得すると、安定変動速度とは異なる速度を示す地点、地域を以下の手法でわかりやすく可視化することが可能となる。

X、Y、Zの各軸毎に普段と異なる、異常な地殻（地盤）の隆起を赤丸（7日〜10日継続では薄赤）、沈降を青丸（同薄青）で分かりやすく表示している。各1軸だけでも異常があれば地殻変動のシグナルとして注意、警戒モードに入り推

移を注視することになる。さらに、2軸、3軸へと異常が拡大・継続した場合にはその広がりにより該当市町村等への警戒情報の提供が必要となろう。（口絵・図2）

　口絵・図3は2007年7月16日の「新潟県中越沖地震」の前後の新潟県栃尾市（合併により現在は長岡市）の地殻の変動を、「地殻変動監視チーム」の独自システムにより解析した結果である。

　1の「推定年周期変位速度からの逸脱状況」が栃尾市に設置されている電子基準点の3軸（X,Y,Z）のうちのZ軸の年周期変動（安定）グラフと2007年5月以降の逸脱（異常）状況である（グラフより下ぶれは地殻の沈降）。

　2の「逸脱状況の面的把握」は新潟県と隣接県の基準点の変動を各軸毎に解析している。新潟県の上越地方を除き全面的に沈降していることが分かる。

　さらに、3の「逸脱状況の三次元的把握」を見ると震央に近い新潟県の中央部で地殻が大きく変形している（東北地方太平洋沖地震でも三次元逸脱が牡鹿半島付近（震央近傍）に集中）。

　これらから、電子基準点情報の解析で地震の切迫状況から地震の規模、震源の予測等への活用が期待される。

4．地震前に現れる変動例

　国土地理院では電子基準点のリアルタイムデータを解析し、2004年3月から日々の座標値（F2）として公開を開始。

　その後、2007年7月には「中越沖地震」、2008年6月には「岩手・宮城内陸地震」が発生したが、F2データは衛星からの測位信号を受信してから約20日後の公開となるため、これらの地震発生前に前兆情報を得ることはできなかった。

　そこで、清水建設（株）の特許に沿う形で「地殻変動監視チーム」が構築した解析システムでF2データを解析したところ、いずれも地震発生の2週間程前から地殻に何らかの変動と思われる情報が見られたのであった。（後述①②）

「東北地方太平洋沖地震」（3.11）では約2か月前から前兆情報が出てきており、F2データで地震発生の前に前兆と見られる現象が確認された初めての事例であった。（後述③）

　その後の大地震、2016年4月の「熊本地震」、2018年9月の「北海道胆振東部地震」については2015年3月から提供開始されたR3データで前兆と見られる情報が確認された。（後述④⑤）

　一方、『1990年以降の雲仙岳での経験を踏まえ、電子基準点は火山活動に伴う広域の地殻変動を観測できるように配置

された。この結果2000年の有珠山噴火では、地下のマグマの移動に伴う山体の膨張を観測し、住民避難の判断に活用できた。』[(38)] のであった。

　そして、電子基準点のリアルタイムデータ解析による事前情報把握が可能となった2004年以降では「御岳山の噴火」がある。（後述⑥）

　なお、「異常値」が出現してきた場合には、当該エリアとその周辺地域での過去の地震発生・火山噴火の記録も重要な参考情報としなければならない。

　（以下、地震の概要は「理科年表2024」による）

① 新潟県中越沖地震

　2007年7月16日、新潟県上中越沖を震源とするM6.8の地震発生。新潟県沿岸海域の逆断層型地殻内地震（深さ17Km）。死者15名、負傷者2,346名、住家全壊1,331戸、最大震度6強（柏崎市、長岡市、刈羽村、長野県飯綱町）。震源域内の原子力発電所が被災した初めての例となった。

これが地震の前兆だ！

- 地震の約2週間前の7月に入ってから新潟県央中心に急速に地殻の沈下と一部の隆起が発生。
- さらに、7月10日過ぎからは全体として終息に向かい

つつある中、直後の7月16日に本震が発生した。

- 当時、F2情報入手可能な7月16日の20日前は6月25日前後であり、とくに地殻の異常は観測されていなかった。

従って、R3（2日前）情報があれば前兆情報で注意を促すことができたケースである。（口絵・図4）

参考とすべき過去の地震記録

新潟県では古くは1751年のいわゆる「高田地震」（M7.2 死者は2,000人とも）、1964年の「新潟地震」（M7.5 死者26人）、そして2004年の「中越地震」（M6.8 死者68人）と大地震に襲われてきた。

特に「中越地震」から3年も経っていなかったが、中越地方沿岸には地震の空白エリアがあると言われていた。「まさか」と思われた地域に「突然」の大地震が襲ったのである。「前兆情報」があれば……。

② 岩手・宮城内陸地震

> 2008年6月14日、岩手県内陸南部を震源とするM7.2の地震発生。岩手・宮城県境付近の山間地での逆断層型地殻内地震（深さ8Km）。死者17名、行方不明6名、負傷者426名、最大震度6強（岩手県奥州市、宮城県栗原市）4,000ガル以上の加速度が観測され、地滑りなどの斜面被害が目立った。

これが地震の前兆だ！

- 5月に入ると岩手県から青森県の内陸で広範囲の1軸、2軸の変動が始まり、5月中旬からは岩手県から宮城県に集中する変動にと変化してくる。

- 6月14日の22日前の5月24日頃から、宮城県志津川の基準点でXYZの3軸異常（赤丸）が見られており、「前兆情報」と監視体制があれば「岩手県南部から宮城県北部地方に近々大きな地震の発生が懸念される」との注意情報の提供が可能であったと思われる。（口絵・図5）

参考とすべき過去の地震記録

　地震調査研究推進本部の都道府県毎の地震活動の「岩手県の地震活動の特徴」によれば、1900年以降だけでも岩手県南部から宮城県境にかけて、M6〜7の内陸型地震が集中的に発生している。これは岩手県内の内陸型地震全体から見ると突出している。

③ 東北地方太平洋沖地震

　地震の概要は前出。

これが地震前の地殻変動だ！

- 3.11の2か月以前の1月中旬には東北地方に異常な変動

は全く見られなかった。

• １月下旬になると東北地方の太平洋沿岸中心に北海道の太平洋沿岸を含む中央構造線（フォッサマグナ）より東の日本列島のほぼ半分に2軸異常が見られるようになった。

• ２月に入ると岩手、宮城、福島の３県の三陸沿岸に３軸異常（赤丸）が出てくる。

• 大震災直前の最後のF2情報となった３月７日付情報（２月13日〜19日分）では、３軸異常が牡鹿半島近傍に集中する傾向がみられる。

この前兆情報が関係者で共有されていれば、３月９日の三陸沖の地震（M7.3、震源：三陸沖の深さ８km、最大震度５弱、青森、岩手、宮城、福島県沿岸に津波注意報）が巨大地震の前震であるか否かの議論があったと思われるが……。（口絵・図６）

参考とすべき過去の地震・津波記録

① 「貞観の三陸沖地震」869年（貞観11年）M8.3
  津波が多賀城下を襲い溺死約1千。三陸沖の巨大地震とみられる。大きな津波が仙台平野の奥深く浸入。

② 「明治三陸沖地震」1896年（明治29年）（現・釜石市の東方沖200Kmの三陸沖を震源、M8.2）津波が北海道

より牡鹿半島に至る海岸に襲来し、死者総数は21,959
名。遡上高は綾里湾（現大船渡市）38.2mなど。

③ 「昭和三陸沖地震」1933年（昭和8年）M8.1

死者・行方不明者3,064名。波高は綾里で28.7mにも達
した。日本海溝で発生した巨大な正断層型地震と考えら
れている。

④ 熊本地震

2016年4月14日、16日、熊本県熊本地方を震源とする
M6.5（前震）とM7.3（本震）の直下型地震。右横ずれ断
層型地殻内地震（深さ11〜12Km）布田川及び日奈久断層
帯で発生。長さ30km以上の領域で地表地震断層帯が現れ
た。死者50名（ほかに関連死223名）、負傷者2,809名、住
宅全壊8,667、最大震度7（益城町2回、西原村）。

これが地震の前兆だ！

- 2015年5月から導入された国土地理院のR3データ（2
日前の電子基準点情報）の提供開始以降最初の大地震で
あった。

- 今回の「熊本地震」の特徴の一つは地殻変動の始まりが
極めて直前であり、しかもX軸の1軸のみの異常であっ
たと言う事である。鹿児島県から熊本県にかけての広範

囲の変動が見られたのは4月10日からであり、前震
（14日）の僅か4日前である。

- 13日（前日）になって初めて両県にX、Z軸の2軸変動
が見られるようになったが、その間も変動は両県にまた
がって広域に出現し、震源（被災地）が絞り難い状況の
中で、14日（M6.5）、16日（M7.3）の直下型の大地震
が発生している。

- このように急速に赤表示が拡大した場合には、今後は前
述の国土地理院のGEONET解析結果のQ（Quick
Ephemeris）5解（迅速解）を活用することが考えられ
る。但しQ5解（6時間前データを3時間毎に配信）は
精度が落ちることを承知し、さらなる実運用と検証が必
要となる。（口絵・図7）

参考となる過去の地震記録

- 熊本地方を直下型の地震が襲ったのは127年前の1889年
（明治22年）の熊本県西部を震源とする地震以来であっ
た。（M6.3、死者20名、熊本市を中心に半径20Kmの範
囲に被害）

- 九州の中部〜南部の過去の地震を見ると、1914年の「桜
島地震」（M7.1死者22人）、1968年の「えびの地震」（M6.1
死者3人）、1975年の「阿蘇山北麓地震」（M6.1阿蘇外輪

山内に被害集中)、1997年の「薩摩地方地震」(M6.6と
M6.4薩摩川内市で震度6弱を観測)と次の予測が難しい
地域であることから、監視チームからの注意コメントも
難しいものとならざるを得ないケースであった。

⑤ 北海道胆振東部地震

北海道厚真町かしわ公園
の94型電子基準点
(2018年10月筆者撮影)

2018年9月6日北海道胆振地方中東部を震源とする「北海道胆振東部地震」(M6.7 死者43名、負傷者782名)が発生。逆断層型の深い地殻内地震(深さ37Km)で、強い地震動による地滑りと火力発電所が停止した(全道停電) 最大震度7(厚真町)。

これが地震の前兆だ!

• 8月下旬に北海道の太平洋岸のX軸に広範囲に渡って沈
  降が見られ、同時に離れた厚真町の電子基準点に3軸異
  常が出ていた。1点であっても3軸異常が見られた場合
  は要注意である。(口絵・図8)

参考となる過去の地震記録

- 1982年、今回最大震度を観測した厚真町から南東方向に80Km離れた浦河沖の深さ40Kmを震源とする「浦河沖地震」（M7.1）が発生。被害は浦河、静内に集中した。浦河町で震度6を観測。100km離れた札幌市でも一部震度5相当の揺れ。

- なお、今回の地震の西側には活断層である石狩低地東縁断層帯が南北に走っており、地震発生当初TV等のマスコミではこの断層帯の破壊が原因ではないかと解説された。しかし、今回の地震で東縁断層帯の地表で断層がずれた形跡はなく、活断層と余震域の方向もずれていることなどから、この活断層と今回の地震との関連は定かではないとされた。

⑥ 御岳山噴火

2014年9月27日（土）11時52分、長野県と岐阜県にまたがる御岳山（3,067m）が突然噴火、登山者等58名が死亡、5名が行方不明。登山客が巻き込まれたものとしては明治以来最悪。水蒸気爆発と分析された。天候に恵まれた秋の登山シーズンの昼時で、多くの犠牲者が出た。

これが噴火の前兆だ！

　当時はF3データであり、9月8日のX軸データ（解析結果は9月22日以降に入手可）を見ると長野県から岐阜県の広域に異常値が見られる。御岳山にフォーカスしたコメントは難しい。

　さらに、9月12日のX軸データ（噴火前日の9月26日に入手可）では明らかに、御岳山周辺に異常範囲が集中してきており、気象庁、関係自治体等の情報交換が可能であったと思われる。

　なお、当時御岳山は噴火警戒レベル1（活火山であることに留意）であった。

　火山噴火の予知が電子基準点の役割であることは、電子基準点設置の目的として基準点の銘板に明記されている。

（口絵・図9）

5. 「地殻変動情報」の限界

①　地表に設置された電子基準点を利用していることから来るいくつかの制限がある。

　・震源が地下数十キロ以上と深い場合には、表層の地殻に

変動が現れ難く、突然の揺れが来る場合がある。

- また、震源が遠方の海底の場合にも、前兆現象が電子基準点に伝わり難く、やはり突然の揺れが来ることになる。

　ただし、本システム稼働開始以後、電子基準点の動きが閾値内（基準点データに異常なし）で、大きな被害を発生させた地震は皆無である。

② 　地震の3要素の不確実性

- 「発生時期＝いつ」については、これまでの経験則から内陸型の直下地震では異常前兆発生開始から1～2週間以内、海溝型の巨大地震では1～2か月以内ということになろう。但し、熊本地震のように異常前兆から2～3日で発生と言う例もあり、直下型では「近々」というのが限界と考えられる。

　ただし、このシステムで異常な前兆現象があれば確実に大きな地震が起きるという「切迫性」が最大のメリット。

- 「発生場所＝どこで」については、直下型では都府県単位（隣接含む）、北海道については支庁単位。海溝型では「東日本太平洋沿岸地域」、「西日本の太平洋沿岸地域」等の表現となろう。

　ここでも熊本地震のように「南九州地方」としか言え

ない直下型地震もある。

　さらに、電子基準点の密度からの制約も考慮しなければならない。面積比では北海道は静岡県のおよそ1/5、岩手県は1/4、新潟県は1/3程度の設置状況である。

• 「地震の規模」については、直下型ではM6〜7以上、海溝型ではM8クラスの巨大地震の捕捉が目標となるが、本システムで地震の規模を正確に予測することは難しいと思われる。規模の正確な予測よりも犠牲者の減少を目指さなければならない。

6．地震の予知・予測の精度比較

　ここで、現在提唱或いは公表されている「狭義の地震予知」、「地殻変動情報」、「地震予測（全国地震動予測地図）」についてその精度を比較してみよう。

	いつ	どこで	規模	切迫度
狭義の地震予知	◎	◎	◎	◎
地殻変動情報	○	○	○	◎
地震予測	△	△	△	△

　現在「地震の予知」と言えるのは「狭義の地震予知」とされている。しかしながらこれは精度を追及するあまり、「世紀の難問」とされ、実用化されるにはあと100年、200年或いはそれ以上の時間を要するといわれる。

　一方、過去の地震の発生実績から確率論で次の地震を予測するのが「地震予測」である。30年以内の発生確率を％で表すものであるが、地震対策の現場からは「どう対処したらいいか分かり難い」と言われている。

　そこで、本「地殻変動情報」は、精度こそ「狭義の地震予知」には達していないが、当該エリアに近々大きな地震が来ると言う**「切迫度」が世界に先駆けて入手できた**ものと言えよう。

　この20年間の「大地震の直前の地殻の異常変動が100％捕捉されたこと」が何よりの証左と言えよう。

　一方で、今後直前の異常変動の無い地震が「突然」発生する可能性が否定できないことも忘れてはならない。

　この「切迫度」情報が地震・津波、火山噴火の被害軽減に役立つことが切に期待される。

第 5 章

大震災の惨状！
「前兆情報」があれば！

「どんな些細な情報でも事前にあったら、こんなに辛い思い
をしなくても良かったのに」と言う東日本大震災の被災地の
市長の言葉が忘れられない。

　その後、被災地の「その時の」生々しい有様が「震災記録
誌」等として、ほとんどの被災自治体で精力的に纏められて
いることを知った。

　しかし、多くの記録誌は発災以降の行政の行動を時系列的
に取り纏めていて、肝心の「なぜ、多くの犠牲者を出してし
まったのか」には触れられていないのであった。

　そんな中で、一部の自治体の記録誌、或いは「判例」の中
に「なぜ助けられなかったのか？生死を分けた要因は何だっ
たのか？について悲鳴のような生の声」を発見し、切迫性の
ある「前兆情報」があればその声に応えられたのではと確信
したのであった。

　以下にいくつかの事例を紹介したい。

1．阪神・淡路大震災の教訓、
　　前兆情報があれば！

　阪神・淡路大震災の犠牲者は6,434人（震災関連死946人含
む）。

「死因別（関連死除く）では家屋や家財の倒壊による「圧死」が85.1％、「焼死」が9.2％等となっていることが大きな特徴であった。また、自宅での死者が約80％であった。

　地震の発生が未明であったことから、火災は比較的小規模であったが、地震直後の家屋の倒壊で高齢者とりわけ女性の命が多く奪われた。」（1996年厚生省人口動態統計）

〈教訓〉その時、消防職員・団員は全く足りない！　　　　資機材も！

【兵庫県西宮市のケース】

「全ての隊が出動活躍中。応援隊は出せない。各隊は近隣住民と協力して、できる限りの救助活動にあたれ」何度、何度この言葉を繰り返したことだろう。「何とかしたい、応えてやりたい、……無念……無念……」（管制官）

「17、18、19日は食料も少なく、飲まず食わずで活動してくれた方々には頭が下がる思いです。この大震災の救助活動にあたり今さらながら救助器具（バールやジャッキ等）の不足、緊急時の通信器具不備等を強く感じさせられた。」（副団長）

「梁の下敷きになって重傷を負っている人に、頑張るよう声を張り上げても、砂塵の中で命の灯が遠くなっていく姿を見て、一人の人間の力のなさを思い知らされた。」（分団長）

「１火災現場１ポンプを基本戦術として持てる資機材を最大

限活用しましたが、これも底をつき徒歩により資機材無しで現場に派遣せざるを得ない実情でした。このたびの震災は救助する者自身が被災者であり、家族の死亡、負傷等の最悪の事態を乗り越え、長期間消防活動等に従事した消防職員・団員の崇高な消防魂を誇りに思っております」（西宮市消防局長　岸本健治）

（西宮市消防局・西宮市消防団「阪神・淡路大震災　西宮市消防の活動記録」1996年3月より）

　これが、突然の大地震発生時の救命・救急体制の実情である。

阪神・淡路大震災時の救出活動（提供：西宮市消防局）

首都直下でも消火間に合わず、木密地域は火の海？

　東京都に例を取れば、行動の指針である「東京都地域防災計画」（令和5年修正）は「震災編」（本冊）だけでも900ページを超える。

「突然」の「首都直下」では本来の行動指針の機能を発揮するのは容易ではないと思われる！

　ここで、阪神・淡路大震災と首都直下地震の被災態様を比較してみたい。

　死者は首都直下が6,148人（東京都）と想定。建物の全壊は阪神・淡路大震災が約10万5千棟、首都直下が約8万2千棟と想定されているので、首都直下の方が圧死者が少ないのはうなずける。しかし火災を見ると、阪神淡路大震災の全焼家屋は約6,100棟、一方首都直下は約11万2千棟と約18倍。単純比較はどうかと思われるが、焼死2,482人（阪神淡路は504人）で済むのであろうか。（阪神・淡路大震災の被害は消防庁調べ、2006年5月現在。首都直下は東京都の2022年5月公表値）

「東京の消防白書2022」によると、東京消防庁管内の消防車両は2,075台、消防署員は18,238人（ほかに消防団員が約2.2万人、ポンプ車1,319台）。震災時の出火件数は623件（風速8m/s、初期消火がなされない件数）と想定されているので、一現場あたり3.3台の消防車両と2.1台のポンプ車で190

棟以上を消火しなくてはならない計算になる。道路は寸断、給水もままならない中の作業で！（通常、火災1現場に10台以上の消防車両が駆けつけて、消火に何時間もかかっているのが現実では！）

　この状況について2022年5月の「首都直下地震等による東京の被害想定」ではその第5章「想定される被害（定性的な被害の様相）」に以下のコメントが見られる。

- 環状7号線と8号線の間を中心とする地域や区部東部の荒川沿いの地域は木造住宅密集地域（いわゆる木密地域、約180万人が居住）が大規模に連坦しており、建物倒壊が多く発生、火災延焼被害を受けやすい。
- 木密地域では、古い建物が多いため、モルタル等の外壁がはがれ、平時よりも火災のリスクが高まる。
- 木密地域の居住者は高齢者が多い。
- 木密地域は道路が狭隘なため、消防車両による消火が困難。また、緊急通行車両が入れず、救出救急活動が困難となる。

　結論として、首都直下地震の被害は首都中心部を取り巻くいわゆる木密地域に集中、高齢者の圧死、焼死が多発すると想定されている。

前兆情報でできることの例

「首都直下に大地震の前兆あり」となった場合に犠牲者を少なくするためには：

① とにかく木密地域から高齢者、要支援者を避難させること、そのためには：

- 高齢者には自主避難を促す。
- 要支援者には避難のサポートを行う。

② 圧死対策として

- 都内の消防署等にジャッキ、バール等の救助用資機材を周辺から集中配備。
- 家庭内、事務所内の家具・什器・備品等の転倒防止の緊急呼び掛け。

③ 帰宅困難者対策（約450万人と想定）

- テレワークの徹底（首都圏以外も含めて）

等々、自助、共助、公助の総動員が必要となる。

2. 東日本大震災の教訓、前兆情報があれば！

東京日比谷にある（公財）後藤・安田記念東京都市研究所市政専門図書館
全国の自治体等から収集された1,000点を超える東日本大震災に関する記録誌等が公開されている。（2023年10月 筆者撮影）

〈教訓１〉

事前に「防災行政無線」をチェックしていれば、救えた命があった！

【宮城県名取市のケース】

「東日本大震災名取市の記録」（2014年宮城県名取市刊）によれば地震発生から11分後の14時57分に防災行政無線による避難指示の放送を開始（閖上・下増田の全地区）。しかし、防災行政無線は不具合により放送されなかった事が当日午後7時過ぎに判明。閖上地区の死者738名、下増田地区65名で、

合わせると名取市の死者数全体831名の実に96.6％に上った。

　その間、『閖上消防分団では消防車（団車）を出動させ、「6メートル以上の津波が来ます。早く逃げてください」（閖上公民館前で聞いた証言者）と言った内容の広報をしながら、水閘門の閉止を行った。』とされるがどれだけの住民に伝わったかは把握困難であった。

　名取市では震災後の2011年7月から8月にかけて山口大学〔大学院 理工学研究科 環境共生系専攻　村上ひとみ准教授（当時）〕と共同で「名取市における東日本大震災津波からの避難に関するアンケート調査」を実施した。（回収数324件、回収率29％）

　Q：「地震の直後、あなたは、この地震で津波が来ると思いましたか？」
- 大きな被害が出るような津波が来ると思った　13％
- 来るとは思ったが、被害は大きくないと思った　55％
- 津波は来ないと思った　12％
- 津波のことは全く考えなかった　20％

　当時、名取市では震度6強の地震で、非常に強い揺れが約3分間も継続したにもかかわらず、9割近くの住民が津波に対する切迫性を理解できなかったことになる。いわゆる「正常性バイアス」の怖さであろうか。また、

Q：「大津波警報や津波に関する情報」を見聞きしたメディアは？

- 広報車消防　12.8%
- 防災無線　1.6%
- 家族、隣人　23.6%
- カーラジオ　20.8%
- 災害情報メール　1.2%
- 行政機関、警察、消防　12%
- 自主防災組織　6.8%
- ラジオ　28.8%
- テレビ　21.6%
- インターネット　2%

ラジオ、テレビが22〜28%、近隣住民や家族が約24%で懸命に伝えたことが窺われる。消防・警察等がそれぞれ13%程度であり、防災行政無線は故障のため、聞いた人はほとんどいない。

さらに、このアンケート調査の自由回答には、防災行政無線の故障や、避難場所を移動させられその間に家族を亡くしてしまった事に対する憤りなど厳しい意見もいくつか見られた。

名取市では2011年11月に「震災記録室」を設置。東日本大震災の被害と対応等に関する記録類を収集・整理して、震災が風化することのないように後世へ伝える取り組みを行った。

そこには市の公式記録誌でありながら、様々な行政としての反省点や被災住民からの耳の痛いコメント等がそのまま記録されていて、他の自治体にも大いに参考となると思われる。

閖上大橋から見た津波。津波による「黒い煙」を捉えた写真。当初は津波だとは思えなかったようだ。
（写真撮影・提供：名取市消防本部　名取被災アーカイブ）

〈教訓２〉
救えなかった84人の命・大川小学校訴訟、
学校関係者に重い責任！―
（最高裁決定　2019年10月10日）
【宮城県石巻市のケース】

　石巻市立大川小学校に津波が到達したのが３時37分、地震発生から51分後であった。（以下2018年４月26日、仙台高等裁判所の控訴審判決より）

　当時、大川小学校には生徒108名が在籍、教職員は校長以

下13名であった。生徒の欠席・早退者は5名（在校103名）、校長は休暇中で不在、用務員は外出中であった。

　2時46分の地震発生時は授業終了直後であった。直ちに生徒は机の下に隠れた（一次避難）。その後全校生徒が校庭に避難した（二次避難）。3時30分くらいまでに27名の生徒が迎えに来た保護者と共に学校を離れ、残る76名の生徒が11名の教職員の指示のもと学校から150mほどの新北上大橋のたもとの通称「三角地帯」に向かって移動している最中、3時37分に津波が押し寄せた。

　生き残ったのは生徒4名、教務主任1名だけであった。欠席・早退の生徒2名も犠牲となり、結果生徒74名と教職員10名の84名が死亡又は行方不明となり、学校管理下の事故としては過去最大の惨事となったのである。

　犠牲となった23名の遺族29名が起こした訴訟は2019年10月10日、最高裁判所が上告を棄却し、控訴審判決が確定した。

　第一審、仙台地方裁判所は「教員等による児童らの避難誘導に過失があったと認め、被告石巻市（教員等は市の公務員）、宮城県（県がその給与等の費用を負担）に国家賠償法に基づく損害賠償を命じた。（2016年10月26日）」原被告ともにこれを不服として控訴した。

津波到達の予見可能性が争点に

　第一審被告らは「校長等の学校保健安全法上の作為義務が法的義務として求められることがあるとすれば、校長等において、大川小学校にまで津波が到達することについての具体的な予見可能性があったことが、最低限の前提とされなければならないところ、本件地震前に存在していた知見に照らしても、地域住民の津波に対する認識に照らしても、校長等は、大川小まで本件津波が到達することを予見できなかった」と主張した。

　一方、宮城県は平成16年及び平成23年に、政府の地震調査研究推進本部が公表した宮城県沖地震を想定した強震動評価の知見等を踏まえ、宮城県防災会議地震対策等専門部会の指導の下に行った地震被害想定調査の結果を公表。

　このうち、平成16年報告では宮城県沖地震（単独）、宮城県沖地震（連動）のほか昭和三陸地震（23年報告では明治三陸地震も対象）、を検討対象として津波浸水予測シミュレーションを行い、浸水予測計算結果を整理した。

　このシミュレーションによれば、最大級の想定地震（宮城県沖地震（連動）M8.0前後）が発生した場合、これによって発生することが想定される津波の旧河北町（大川小含む）における最高水位は5.1m、大川小付近における津波高は3m以下、結果は23年報告もほぼ同じであった。

被告等は「これらが本件地震発生前に得られていた最も有力な科学的知見であり、この知見に照らせば、大川小が本件想定地震によって発生する津波の被害を受ける危険性がないことが示され、津波に対する安全性が確認されていたといえるから、校長等が本件地震発生前に大川小が津波による被害を受けることを予見することは不可能であった」と主張した。

　これに対して、仙台高裁は

① 「様々な科学的知見を総合して得られた津波浸水予測を前提として事前防災対策を講ずることには一定の合理性が存在する。」しかし、「平成9年に（財）日本気象協会が指摘したように、津波災害予測の数値計算結果には誤差が伴うことから、津波浸水域予測についても相当の誤差があることを前提として利用しなければならなかった。」

② 「宮城県の利用上の留意点にもあるように、津波浸水予測を利用するに当たっては、この調査結果を概略の想定結果と捉えて、実際の立地条件に照らしたより詳細な検討が必要であった。」「大川小の立地条件に照らして検討すれば、大川小が本件想定地震により発生する津波の被害を受ける危険性はあり、校長等はそれを予見することは十分に可能であった」とした。

　その根拠として「大川小は新北上大橋のやや下流側、北上

川の右岸堤防から200m南に離れた釜谷地区中心部の西寄り
の場所に立地していて、標高は1mないし1.5m、太平洋に面
した追波湾までの直線距離は3.7Kmであった。

　本件堤防の建設地点は昭和53年の宮城県沖地震（M7.4、
死者28名）により損壊し、堤防天端が80cm沈下、法肩など
に亀裂・段差が生じたほか堤地内で液状化・噴砂現象も見ら
れた。これは堤防の重大な損壊が生じ得ることを予見させる
重要な事実といえる。」

「さらに下流の北上川の右岸堤防が、堤防の両側から襲う津
波の破壊力に耐えられずに破堤し、その場所から遡上した津
波が堤内地に流入して大川小を浸水させる危険があることを
予見することができる」等の詳細な検討を行い、「大川小が
本件津波浸水予測による津波浸水域に含まれていなかったと
しても、大川小が本件想定地震により発生する津波の被害を
受ける危険性はあったというべきであり、校長等がそれを予
見することは十分に可能であった」等とし、被告（石巻市・
宮城県）に津波襲来の「予見可能性」があったと結論付けた
のである。

　その上で、同校の校長等にはこれを基に危機管理マニュ
アルを改定しなかったこと、市教育委員会にはマニュアル
の内容につき指導・助言しなかったことにつき、いずれも
学校保健安全法29条1項に基づく児童の安全確保義務の怠

りがあったとして、国家賠償法1条1項に基づく原告の請求を、一部容認したのであった。

　この判決について、『2021年2月21日に、仙台弁護士会館で原告遺族主催により開かれた「控訴審判決の報告検討会」でパネリストの東京大学の米村滋人教授は「この判決がなかったならば、1万7,000人余りの犠牲者を生んだ東日本大震災は日本社会に何も教訓を残さなかったと思います。この判決が大川小の児童だけでなく、1万7,000人の犠牲者を救ったと思います。日本社会が変わることのできる重要な判決だと思います」との旨を発言をした』という。（月刊ニューメディア5-2021「特集 東日本大震災3.11から10年」）

震災遺構となった大川小学校には、訪問者が絶えない。写真正面の斜面（〇印）に津波到達点の表示があった。（2019年10月 筆者撮影）

　それでも亡くなった子供たちが帰って来ることは無い。震災遺構となった大川小学校を訪れた人は、誰しも「なぜすぐ目の前にある裏山に避難しなかったのか」と思うであろう。

　しかし、先生方は大津波が来るまでの50分間、生徒たちを守るために必死になって考えた末に、裏山では無くこの前の道路を右方向、つまり新北上大橋に向かって行く事となったのであろう。

　この「前兆情報」を事前に届けられなかったことを悔やむとともに、もう二度とこのような悲劇のない社会にしなければと願うばかりである。

　一方、今次大震災で最大の犠牲者を出した宮城県石巻市では2017年3月に「東日本大震災　石巻市のあゆみ」（400頁）を主に写真を中心に編集。

　多くの犠牲者を出した原因については、「市街地に大きな津波が来たのは、地震から１時間近く経ってからであり、本来であれば、十分に避難が可能な状況であったが、停電・余震・油断・渋滞など様々な要因が重なり、避難が間に合わず、津波によって多くの方が犠牲になった」と記している。

〈教訓３〉
町長含め職員40人が犠牲、役場職員は
先に逃げてはならない！
【岩手県大槌町のケース】

　午後２時46分の地震発生から僅か35分後の３時21分、岩手県大槌町役場を高さ10m余の大津波が襲った。この大津波で大槌町では全人口の１割弱の1,286人の犠牲者を出し、人口比率で岩手県内最大となる大惨事となった。

　大槌町役場では全職員の約三分の一の40人が犠牲となり、役場庁舎周辺だけで町長含めて30名の職員が濁流にのまれて帰らぬ人となったのであった。

　大槌町では公務中の災害で亡くなられた職員の当時の状況を把握する必要性と、ご遺族の方々からの職員の最期の様子が知りたいとの要望に応えて、2021年７月、「大槌町役場職員—大槌町東日本大震災津波犠牲職員状況調査報告書—」を公表した。

「ソフトの震災遺構」
岩手県大槌町の震災記録誌

　平野公三現町長は刊行に当たって、「日本中のどの市町村であっても、大槌のような悲劇が二度と起こらないよう願い、記録と教訓を後世に伝えることが大きな目的です」と記している。

　今次震災でも「震災遺構」をめぐって、各地で難しい議論がされている中、ご遺族の心情と行政の使命から生まれたこの報告書は、まさに「ソフトの震災遺構」として今後の我が国の防災・減災に役立てなければと思う。

　報告書では、「その時」が到来するまでの35分間が時系列的にリアルに記録されていて、読み進むにつれて「そんな事をしていないで早く逃げて！逃げて！」と叫びたくなり、胸が苦しくなるばかりである。

10メートル級の津波想像できず！

　地震直後の14時49分に気象庁は岩手県に大津波警報と3メートルの津波予想高を発表。何人かの職員がカーラジオや携帯電話のワンセグ放送でこれを確認していた。

　14時56分過ぎには大槌消防署員が自家発電の電力で映し出されたテレビ画面の字幕を見て「ただ今、岩手県沿岸に大津波警報が発表されております。海岸部の皆さんは、定められた避難場所へただちに避難してください」と町内23か所

に設置されていた防災行政無線のスピーカーからサイレンとともにアナウンス。

　しかし、「この震災以前に来た津波は気象庁の予想高を大幅に下回るものばかりで、3メートルと言っても実際は1メートルぐらいだろうと思って逃げ遅れた人は多いはずだ」（東梅副町長）と言う。

　3時14分に気象庁は岩手県沿岸の予想津波高を6メートル（宮城県沿岸は10メートル）に引き上げ。NHKテレビが釜石港を襲う津波の映像とともにテロップで流した。

　この放送を見た大槌消防署では3時20分頃に防災行政無線で高台避難を呼びかける2回目の放送をしたが、この1分後に大槌町は10メートルを超える大津波に呑み込まれ、1,286人もの尊い命が奪われたのであった。

「突然」では職員を責められない！

①　職員用防災手帳の発災後のシナリオに、職員の非常参集と災対本部設置の後に「職員も避難、本部を中央公民館に設置」とし、城山にある中央公民館への災対本部移設を想定していた。しかし、職員の大半が手帳は受け取ったことは覚えていてもシナリオの存在を知らなかったと言う。

②　また、大津波警報が発表されたことから、町長は「避

難指示」を発令すべきであったが、情報収集に手間取って指示を発令できず、防災行政無線も「停電で放送は不可能」との推断から広報するに至らなかったと言う。（非常用電源は稼働？）

③ 「消防団が危険な方向に行ったり、役場のお客さんが残っていたりする中、災対本部の限られた人間だけ上に行ってどうするんだ」という思いもあった。（副町長）

　「職務上、地域を預かる公務員として、住民より先に避難すると言う考え自体がなかった」（課税課主任）

　「前兆情報」があれば職員の災害時行動の事前確認が可能であり、住民は勿論、行政職員の犠牲者の減少に役立つと思われる。

大槌町役場跡は更地となっていて、一面のクローバーの中に
3体のお地蔵様が安置されていた（2019年10月、撮影筆者）

〈教訓４〉

「なぜ千人を超す犠牲者を出してしまったか」？
「岩手県釜石市のケース」

　釜石市では、2021年11月に「釜石市震災誌編さん委員会」（委員長 岩手大学名誉教授 齋藤徳美氏）を設置し、岩手県内の市町村としては初の東日本大震災記録誌「撓まず屈せず（釜石市震災誌）」の編纂を進め、2023年10月に発刊した。

　その中で、「なぜ千人を超す犠牲者を出したか」に対して、行政として真正面から取り組んでいて、これまでの震災記録誌に見られない迫力を感じる。以下、前兆情報にできることを考えたい。

津波の常襲地、釜石！

　東日本大震災から遡ること115年前の1896年（明治29年）6月15日、現釜石市東方沖を震源とする推定M8.2の大地震「明治三陸沖地震」が発生した。

　地震発生から30分後、沿岸部に大津波が襲来し釜石市（現在の釜石市域の町村）では人口12,665人のうち6,477人が亡くなり、死亡率は実に51.1%、人口の半数以上が犠牲になると言う未曽有の大惨事となったのであった。

　さらにその37年後の1933年（昭和8年）3月3日には、M8.1の「昭和三陸沖地震」（釜石市の死者・行方不明者404

名）が発生。その後も1960年の「チリ地震津波」（5〜6m
の津波）、1968年の「十勝沖地震」（3〜5mの津波）と三陸
沿岸は再三の津波に襲われている。

「津波の常襲地」として、三陸沿岸各地では津波記念碑が建
てられ、数多くの伝承が残されるなど、津波の恐ろしさを後
世に伝える努力がなされた。

　さらに釜石市では2009年には、世界最大水深から立ち上
げられた、釜石港湾口防波堤も整備されるなど様々な備えに
取り組んできた。

命の教育で救われた子供たち

　特に釜石市では、震災前より群馬大学片田敏孝教授（当時）
の指導助言を受け、防災教育を核にした「命の教育」に取り
組み、いたずらに災害を恐れるのではなく、自然災害に対す
る理解を深めこれに対応する知識や能力の向上に努めた。

　この教育では、津波から命を守る「避難三原則」（1、想
定にとらわれるな　2、その状況下において最善を尽くせ
3、率先避難者たれ）が掲げられた。

　当日、釜石市内の小中学校には2,926人の生徒がいたが、
多くの生徒たちが素早い避難により津波から逃れることがで
きた。

　これはこの防災教育と日常的な避難訓練の成果と考えら

れた。

　しかし、学校を休んでいたり、保護者に引き渡したりした
５名が犠牲となった。

釜石の「奇跡」？

　釜石市鵜住居地区の釜石東中学、鵜住居小学校（海抜２ｍ）
では中学生が率先避難者となり、小学生、地域の大人たちな
ど総勢600名が高台を目指した。一部の生徒は学校の指示がな
くても、震災の状況を自分で判断して避難を開始、定められ
た避難場所に直接向かった。

　最初は学校から800ｍ離れた避難場所のグループホーム
「ございしょの里」（海抜5ｍ）に向かったが、裏の崖が崩れ

小中学校の跡地に建設された釜石鵜住居復興スタジアム（画面奥）と
鵜住居駅前のラグビーボールのモニュメント（手前）。
2019年９月、復興の象徴としてラグビーワールドカップが開催された
（2023年11月 筆者撮影）。

かけているのを発見し、さらに300m上の「やまざきデイサービス」海抜15m）を目指した。中学生は泣きじゃくる小学生の手を引き、声を掛けて励ましながら避難した。（「ございしょの里」は生徒たちが離れた約5分後に水没）やっとの思いで「やまざきデイサービス」に逃げ込むが、列の後ろにいた生徒が振り返ると、津波が鵜住居の町を飲み込んでいく様子が見えた。「間もなくここまで津波が来る」と感じ、全員でさらに高台を目指した。

　途中の急な坂道で、生徒たちは幼い子供をおんぶしながら、ともに坂を上った。最終的にさらに500m先の恋の峠（海抜44m）まで避難し、ぎりぎりのところで全員助かることができた。

　この出来事は「釜石の奇跡」としてマスコミ等で大きく取り上げられたが、①体調不良などで学校を休んでいた生徒数名が亡くなっている。犠牲があったのに「奇跡」と呼ぶのはふさわしくない。②震災前から学校では活発に防災教育が行われており、この事前の備えがあったからこその当日の避難行動だった。（A.Kさん　震災当時釜石東中学2年生）

　このような意見もあり、この避難行動は「釜石の出来事」と言われるようになった。

鵜住居地区防災センターの悲劇

　一方、同じ鵜住居地域には震災の前年2010年2月に「鵜
住居地区防災センター」（鉄筋コンクリート造2階建、標高
4.3m）が設置された。釜石市の出張所であり、地域生活の
支援と消防・救急体制の充実を目的としていたが、防災対策
関連の起債事業として整備されたことから「釜石市鵜住居地
区防災センター」の名称となった。

　津波は2階天井付近まで達し34人が救出されたが、建物
内で69人が遺体で収容された。

　遺族会の要請により立ち上げられた調査委員会の推計では
「防災センター」の避難者数は241名とされた。（2014年1月
現在）

　なぜこれほど大人数の住民がここに避難したのか？

- 防災センターは標高が低く、津波の一次避難場所に指定
  されていなかったが、津波の避難場所ではないとの地域
  住民への周知は不十分であった。
- 自主防災会が防災センターを避難訓練会場に使用し、市
  危機管理課もその使用を容認した。
- 日頃から職員と住民の間で"防災センターができて安心
  だね"といった会話が交わされていた。

　等防災センターが避難場所であると誤解されるような雰囲
気が醸成されていたとして、調査委員会は「事態を回避する

ことは可能であった」、「市の行政責任は重い」と結論付けた。

　釜石市長は責任を認め、調査委員会はその提言の中で、「釜石市ではこれまで国や県と共に、考えうる様々なハード・ソフト面の津波防災対策に取り組んできたが、再び千人を超える犠牲者を出した。鵜住居地区防災センターの悲劇はその象徴的な出来事である。その要因は行政及び住民に津波災害に対する危機意識が浸透していなかったことにある。」とし、「従来とは異なる発想」での「具体的な取り組み」を提案した。

「住民の避難訓練参加の義務化」、「訓練参加者への地域振興券の配布」、「市職員全員の防災士資格取得」、「風化防止のための被災遺構の保存」等ユニークな提案もされた。

命てんでんこ

　東北地方では「てんでんこ」は生活の中で一般的に使われてきた言葉と思われるが、「明治三陸沖地震」の津波の頃から三陸沿岸で津波避難の標語に転化したと言われる。

　1990年の「全国沿岸市町村津波サミット」で津波災害史研究家の山下文男氏が「津波てんでんこ」として紹介したことから全国に知られるようになった。

「明治、昭和三陸地震の大津波を経験し、生き残った人々は、多くの悲劇を目のあたりにした。その中には家族・隣人

を助けようとして、助けを求められて命を失い、一家や地域が全滅することがあった。このことから市の沿岸部では「命てんでんこ」の基本は「自分の命は自分で守る」という「自助」の教えとして伝えられてきました。」

「東日本大震災では、この教訓を生かした行動が多くの命を救いました。釜石市の児童・生徒はまさにこれを実行して自らの命を守りぬきました。」

　しかし、「命てんでんこ」は万能ではない。自力で避難できない人をどうするかという課題が残されている。東日本大震災では、自力で避難できない人を助けようとして共倒れになったケースも少なくなかった。「命てんでんこ」が「悲しい教え」と言われるのは、この問題に対する答えが用意されていないからだとも言われる。

「なぜ千人を超す犠牲者を出したか？」の答えは「行政及び住民に津波災害に対する危機意識が浸透していなかった」であった。

　人口の半分以上が犠牲となった「明治三陸沖地震」津波から僅か38年後の「昭和三陸沖地震」津波でも大きな犠牲者がでた。

　さらに78年後が2011年となるが、「危機意識」の醸成・持続がいかに難しいかが窺われる。

「地震の予知」が待たれる所以であるが、あと数百年は待てない。今は、確実に大地震が近づいているシグナルとしての「前兆情報」で犠牲者の減少を目指すことではなかろうか。

　自力で避難できない人を助けることができれば「命てんでんこ」が「悲しい教え」では無くなる。これからは「前兆情報」で全員が生き残れる時代を！

3．一人でも多くの命を救うために

　この「前兆情報」は、これまでの地震・津波、火山防災の考え方に変更を求めることになるであろう。

　2度の大震災（1.17，3.11）等をふまえて、防災士として「前兆情報」があったならば、を例示してみると……。

（共通）

・「突然」でない、「心づもり」が得られる。

（行政、企業にできること）

・「冷静な」避難準備、特に要救助者
・地域防災計画、防災マニュアル（又は職員・社員用防災手帳）等の再確認

- 災害用資機材の再点検（防災無線、災害用備蓄品、防災ヘリコプター、ドローンの確保、避難所体制等）
- 広域応援体制の確認（警察、消防、医療、自衛隊、通信・電気・ガス・水道、コンビニ、宅配便業界など）
- 原子力発電所の外部電源ルート・非常用電源の再点検
- コンビナート等の危険環境事業者の事業継続、生産ラインのサプライチェーン確保の検討
- 輸送体制確認（空港、新幹線、在来線、高速道路、幹線道路の規制検討）
- 学校の非常用マニュアルの確認、行事確認、休校準備
- 職場への最大限の出勤制限（テレワークの徹底で帰宅困難者削減）
- 報道機関の取材体制の確認
- 各種行事・イベント等の開催・中止の再検討
- 噴火予兆火山等への入山規制の検討

（個人にできること）
- 家族等との連絡方法の再確認（災害用伝言ダイヤル171も）
- 家具等の転倒防止対策の緊急強化
- 災害用備蓄品の再確認（食糧、水、簡易トイレ、電池）

読者各位にも考え付く行動を以下に記入してみて欲しい！

-
-
-
-
-

前兆情報下の通勤スタイル
ライト付ヘルメットにリュック、厚
底靴、非常食、水……。

第6章

終章
──前兆情報が生きる時代に──

1．改めて、我が国における地震予知の歴史を概観すると、「地殻の変動を連続観測することで地震の前兆が掴める」、という信念のもと20世紀末までの100年以上の間、多くの学者・研究者のエネルギーと膨大な国費が費やされた。

2．阪神・淡路大震災にこそ間に合わなかったが、米国発の測位衛星と電子基準点による地殻変動の連続観測は、それまでの労力と精度を考えると、まさに「革命」的なイノベーションであった。

3．ところが、観測点の拡大とは裏腹に、地殻変動の「前兆現象」把握による「地震予知」活動は、21世紀目前に表舞台から急に姿を消すことになるのであった。この動きは東日本大震災を経てさらに加速し、「現在の科学的知見」からは「地震の予知」は当面不可能であると宣言したのであった。

4．その一方で、国土地理院は2004年3月から全国の電子基準点の日々の座標データの解析結果を公表。これを各基準点の安定トレンドと比較することで、基準点毎の地殻の異常変動の有無を把握することができるようになったのである。

5．さらに「地殻変動監視チーム」では、2007年7月の新潟県中越沖地震以降の大地震と火山の噴火について、独自に開発した解析システムによって、発生前後の地殻変動を

明らかにした。

　その結果、3.11のような海溝型巨大地震では、2か月程前から列島の東半分に地殻の異常変動が始まった。

　一方、新潟県中越沖地震（M6.8）、岩手・宮城内陸地震（M7.2）、熊本地震（M6.5、7.3）、北海道胆振東部地震（M6.7）のような内陸型直下地震では概ね10日から2週間程前から異常変動が始まった。

　また、御岳山の火山噴火では、3週間位前から周辺火山を含めて異常が見られるが、長野・岐阜県境に収束するのが2週間前位からであった。

　では、上記のような大地震、火山の噴火が切迫している場合に、現状で、どのような行動が可能であろうか？

6．「地震予知情報」に基づいて、国が行動を起こす唯一の法律が「大規模地震対策特別措置法」（大震法）である。その第9条で「内閣総理大臣は気象庁長官から「地震予知情報」の報告を受けた場合、閣議にかけて「警戒宣言」を発する。」とされ、その場合予め指定されている「地震防災対策強化地域」（強化地域）に対して定められた「措置」を執るよう通知するとなっている。

7．しかし、「地震予知」は当面不可能となっている現状ではこの法律が機能することは無いと言われている。

　では、我が国で前兆情報での避難等の可能性はあるのか？

① 中央防災会議では2017年9月に、南海トラフ沿いで観測されうる可能性が高い異常現象のうち大規模地震につながるおそれがある4つのケースを想定し、各ケース毎の対応策を示している。

半割れ、大規模な前震のケースでは1週間程度の事前避難、東海地震で想定したプレート境界面での前駆すべりや大きなゆっくりすべりが確認された場合は、行政機関に対して警戒態勢を取るよう促すとしている。

② また、気象庁では2019年5月から「南海トラフ地震臨時情報」の提供を開始したが、臨時情報（調査中、巨大地震警戒、巨大地震注意）が出た場合には、避難等の準備を開始するとともに要配慮者を考慮し、1週間の事前避難を呼びかけている。

これ以外は、地震発生後「速やかに避難」すれば津波からは逃れる確率が大幅に高まる、などとされている。

8. 「前兆情報」にできることとは？

現状では、3.11後多くの海底観測機器が設置された、海溝型巨大地震以外は「その時」が来るまではお手上げ状態と言っても過言ではない。

そこで、「前兆情報」の活用可能性であるが、

① 国の諸機関に早急の活用を働きかける。

② 「自助」の情報として、自治体、企業、個人に活用し

てもらうこと。

　が考えられるが、①はこれまでの歴史的経緯から、厳しい壁が想定される。しかし、地震国としてこのままで100年、200年と国民をこの災害に晒すことは許されない。粘り強く進めて行かなければならない。

　自助の手段としての各方面での活用には、大きな可能性があるし、明日からでも備えることができる。

9．提案

　しかし、我が国では海溝（トラフ）型大地震の発生は平均して100年に1回位、直下型の大地震は数年に1回位である。

　ほとんど変化が無いのが日々の「前兆情報」であり、これを自治体、企業、個人などの地震・津波さらには火山噴火災害の受け手が確認し続ける（しかも有料で）ことには限界がある。

　そこで、「前兆情報」は「気象情報」と同様に気象庁のような組織・体制の下で管理・監視して、「前兆」が出た場合には『大震法等の仕組みを生かして当該自治体等に事前避難等の行動を促す』と言うのが私の提案である。

10．最後に「災害対策基本法」はその第3条（国の責務）の中で、「国は国土並びに国民の生命、身体及び財産を災害から保護する使命を有することに鑑み、組織及び機能の

全てを挙げて防災に関し万全の措置を講ずる責務を有する」としている。

　地震・津波、火山噴火に関わるすべての関係者の責務として、改めて噛みしめたい。

〈追記〉

　やはり、日本は地震国である。本稿の校正中の１月１日能登半島が大地震に襲われた。

　気象庁によると「令和６年能登半島地震」は石川県能登地方を震源とし、マグニチュードは7.6。震源はごく浅く、石川県志賀町で震度７を観測した（後に輪島市でも震度７を観測）。石川県の発表では、１月25日現在死者は236名（内災害関連死は15名）。

　能登半島では、地下の水溜まりが原因とされる"群発"地震が発生。警戒している中での今回の大地震であった。

　今回の地震では輪島沖から佐渡沖にかけての130～140kmに及ぶ海底活断層がズレて、輪島市では海岸線が約４メートル隆起、西南西方面に1.2m動いたとされた。この地震について、前兆情報はどうであったのか？

　MTCMで詳しい解析を進めているが、地震発生前の昨年12月下旬には、能登半島中心にＸ軸の異常隆起とＹ軸の、さらにはＺ軸の沈降が発生。２～３軸の異常が見られ

る。異常な前兆（現象）情報があり、大地震の警鐘を出すべき状況であったと考える。

　今回の能登半島地震では発災後の二次避難の難しさが浮き彫りとなっている。

　避難先予定のビジネスホテルの食事問題や地域ぐるみの避難が出来ない等から、高齢者の多くが災害関連死の恐れのある一次避難所に留まることになった。

　本書では予知・予測による「事前避難」が前提となっている。自治体間の相互支援、ホテル・旅館との事前交渉、友好都市間の協力等、「前兆情報」ならではの方策で命を守らなければやらない！

　「起きた後でなく、事前情報で減災」の時代にしなければ！

おわりに

　関東大震災から100年が経った。政府の地震調査委員会の首都直下地震の「今後30年以内の発生確率は70%」、南海トラフ地震は「70〜80%」をベースとして、多くの警鐘が鳴らされている。

　この過去の地震発生のインターバルから確率計算する考え方は、100年前と少しも変わっていないし、その結果が防災に役立つのかと地震学者から疑問が呈されている有様である。（2016年の熊本地震ではM7.0級の地震発生確率は、30年以内には１％未満であった：内閣府防災担当）

　これが我が国の地震予知・予測の現状である。

　この「前兆情報」は地震の切迫性を捉えたことで、「突然」の恐怖を回避できる可能性はあると思う。

　私は、原子力発電は廃棄物の処理ができない、事故発生時の対処が不完全な現状では、基本的には使わない方が正しいと思う。ただ、どうしても使うなら今回のような事故は２度と起こしてはならない。そのためには、「前兆情報」を生かして安全に「運転停止」することが条件ではなかろうか。

　また、政府は観光立国を目指して、2030年の訪日外国人旅行者数６千万人を目標とし、東京都はアジアの金融ハブを

目指し、「国際金融都市・東京」構想を推進している。とすれば地震国日本に対する彼らの懸念はできるだけ払拭しなければならない。安全のアピールと並んでいざという時の「前兆情報」の「正直な」開示・オープン化の約束こそ、本当に安全な日本への信頼になるのでは。

「地殻変動監視チーム」の「前兆情報」解析作業に、わくわく感はないと言う。なぜなら、「前兆情報」に異常が出てくれば必ず大きな地震や津波が発生し、亡くなり、傷つく人が出てくるからである。

　異常がない場合の安と感こそ何物にも代えがたいと思う所以である。

　従って、的中率〇〇％！などと騒ぐテーマではないと思う。「前兆情報」が日本の中で減災に役立つようになったら、政府の力で世界中の地震被災国に提供して欲しい。特に途上国での地震・津波災害の悲惨さは今さら申し上げるまでもない。地震・津波被災国日本として世界に貢献できる、何物にも代えがたいプレゼントではなかろうか！

　まだまだ、未完成な「前兆情報」であるが、次なる大地震・津波がこれまでと同様に「突然」来ることのないよう、読者諸兄のご支援・ご鞭撻を心よりお願い申し上げたい。

　終わりにあたって、本書のきっかけとなった、『日本の地震予知研究130年史─明治期から東日本大震災まで─』の著者で

ある泊 次郎氏に心より感謝申し上げたい。本著に出合わなければ 本書は誕生しなかったと思う。「地殻変動の連続観測」というワードで140年前の偉大な先人達の熱い思いと、「歴史の糸」がつながったと感じた瞬間のことは忘れられない。

　そして、何より大手ゼネコンの中でいち早く「地殻変動監視システム」を開発・提供された清水建設（株）とその関係者に敬意を表したい。このシステムがなければ「何も始まらなかった」のである。

　また、「地殻変動監視チーム」のメンバーには、毎週の解析作業が待っているが、「世のため人のため」と思わなければ続かないはずである。すごいと思う！

　最後に次なる「突然」が脳裏から離れないこともあって、拙速だらけの原稿を、見事にまとめて頂いた幻冬舎ルネッサンスの松枝ことみ氏には厚く御礼申し上げたい。

　そして、遅々として進まない私の筆に、呆れ半分で付き合ってくれた家内には感謝以外ない。

2024年3月

事業創造大学院大学

客員教授（防災士）

佐藤　義孝

文献と注

（１）気象庁 http://www.jma.go.jp/jma/kishou/know/faq/faq24.html#
　　　yochi_1

（２）泊 次郎『日本の地震予知研究130年史　明治期から東日本
　　　大震災まで』（一財）東京大学出版会　2015年　27頁

（３）泊 次郎、同上書、28頁

（４）泊 次郎、同上書、29頁

（５）泊 次郎、同上書、36頁

（６）泊 次郎、同上書、48頁

（７）泊 次郎、同上書、30、47、48頁

（８）泊 次郎、同上書、67、69頁

（９）森本貞子「女の海溝　トネ・ミルンの青春」
　　　五稜郭タワー（株）　1994年　339、407、412頁

（10）泊 次郎、同上書、94 ～ 96、99、103、110頁

（11）泊 次郎、同上書、133、135、167、168頁

（12）泊 次郎、同上書、168、170、172頁

（13）黒沢大陸　『みちものがたり　水準測量路線（静岡県）
　　　地震予知　「唯一の観測例」』朝日新聞2017年3月11日
　　　B・6面

（14）泊 次郎、同上書、186、187頁

（15）泊 次郎、同上書、173頁

（16）測地学審議会地震火山部会「地震予知計画の実施状況等の
　　　レビューについて」（報告）1997年6月、39頁

（17）測地学審議会地震火山部会、同上書　41頁

（18）測地学審議会地震火山部会、同上書、42頁

（19）測地学審議会地震火山部会、同上書、5頁

（20）測地学審議会地震火山部会、同上書、115頁

（21）菊池正幸「緊急レポート 地震研究者有志による新地震予知
　　　研究計画づくり」『日本地震学会広報誌なゐふる』No.6
　　　MAR.1998、 2頁

（22）住友則彦「これで良かったか地震予知研究―過去30年間を
　　　振り返って」京都大学防災研究所年報 第43号A
　　　平成12年4月

（23）国土地理院https://www.gsi.go.jp/denshi/denshi45007.html

（24）福島県「東日本大震災の記録と復興への歩み」2013年3月、
　　　95頁

（25）国会事故調「東京電力福島原子力発電所事故調査委員会
　　　報告書」2012年7月、12頁

（26）国会事故調、同上書、24、147頁

（27）国会事故調、同上書、37頁

（28）（公社）日本地震学会「地震学の今を問う」（東北地方太平
　　　洋沖地震対応臨時委員会報告）2012年5月　6～7頁

（29）（公社）日本地震学会、同上書、76～80頁

（30）（公社）日本地震学会、同上書、102頁

（31）国土地理院測地観測センター「GEONET運用20年：課題と展望」国土地理院時報2017No129、104頁

（32）国土地理院測地観測センター、同上書、86頁

（33）国土地理院測地観測センター、同上書、104、105頁

（34）国土地理院測地観測センター、同上書、86、87、106頁

（35）国土地理院測地観測センター、同上書、92頁

（36）国土地理院測地観測センター、同上書、106〜108頁

（37）国土地理院測地観測センター、同上書、85頁

（38）国土地理院測地観測センター、同上書、87頁

〈著者紹介〉
佐藤義孝（さとう よしたか）
新潟県魚沼市出身、北海道大学法学部卒業。
日本電信電話公社（NTT）入社。斜里電報電話局長、四日
市支店長、新潟支店長などを経て、画像・映像系のマルチメ
ディアを活用した新規ビジネス開発に参加。NTT-X 代表取
締役副社長、NTT インテリジェント企画開発代表取締役社長。
NTT 退職後 (株) ワイズ・ナビ設立、（一社）東京ニュービ
ジネス協議会理事、現在監事。事業創造大学院大学客員教授、
防災士、新潟観光特使など。

地震予知の絶望と希望

2024 年 3 月 22 日　第 1 刷発行

著　者	佐藤義孝
発行人	久保田貴幸

発行元　　　株式会社 幻冬舎メディアコンサルティング
　　　　　　〒151-0051　東京都渋谷区千駄ヶ谷4-9-7
　　　　　　電話　03-5411-6440（編集）

発売元　　　株式会社 幻冬舎
　　　　　　〒151-0051　東京都渋谷区千駄ヶ谷4-9-7
　　　　　　電話　03-5411-6222（営業）

印刷・製本　中央精版印刷株式会社
装　丁　　　弓田和則

検印廃止